保卫健康

BAOWEI JIANKANG

现代食品生产安全手册

安广杰 主编

河南大学出版社
·郑州·

图书在版编目(CIP)数据

保卫健康——现代食品生产安全手册/安广杰主编. —郑州:河南大学出版社,2012.5

ISBN 978-7-5649-0602-3

Ⅰ. ①保… Ⅱ. ①安… Ⅲ. ①食品安全—手册 Ⅳ. ①TS201.6-62

中国版本图书馆 CIP 数据核字(2011)第 258916 号

责任编辑 王庆阳
责任校对 靳春玲
封面设计 吕 玮

出版发行 河南大学出版社
地址:郑州市郑东新区商务外环中华大厦 2401 号
邮编:450046
电话:0371－86059712(高等教育出版分社)
0371－86059713(营销部)
网址:www.hupress.com
排　　版 郑州市今日文教印制有限公司
印　　刷 河南省诚和印制有限公司
版　　次 2012 年 5 月第 1 版
印　　次 2012 年 5 月第 1 次印刷
开　　本 787mm×1092mm 1/16
印　　张 10
字　　数 200 千字
印　　数 1～8000 册
定　　价 25.00 元

(本书如有印装质量问题,请与河南大学出版社营销部联系调换)

《保卫健康——现代食品生产安全手册》
编委会

主编　安广杰

编委　（以姓氏笔画为序）

李星科　谷瑞丽　陶　建

谢新华

前　言

要保卫身体健康，首先就要保证吃得安全。如何使人们吃得安全、吃得放心呢？这就需要进行“从农田到餐桌”的食品安全生产控制，而对于食品生产者来说，同样也希望产品是安全、畅销的。因此，食品的安全生产是相关监管部门、食品生产者和食品消费者的共同要求。

要确保食品的安全生产，除了我们要注重对生产中生物因素的控制（比如对致病菌的杀菌过程）外，另外一个重要方面是对生产加工过程中的化学因素尤其是化学添加物的控制。少数食品生产、加工和经营者违反食品安全条例，滥用食品添加剂，甚至用化学毒物来“美化”食品，比如“三聚氰胺毒奶粉事件”、“瘦肉精事件”等，由此，也使食品安全问题越来越受到人们的重视和关注。

实际上，食品的生产加工过程离不开化学物质的参与，但这些化学物质的种类有很多，我们对其认识并不全面，有很多生产、加工和经营者并不全是有意使用有害化学物质，甚至有相当一部分人都是只知其“效果”，不知其危害。基于这种情况，为了让读者能更好地认识和利用这些化学物质，我们编写了这本书。书中尽量用通俗易懂的语言和简单明了的原理分析，从根本上阐述影响食品安全的诸多因素。希望通过这本书，让人们对这些化学物质有一个更加客观全面的认识，使食品生产、加工和经营者不再随意，甚至故意使用非法化学添加物，也使消费者增强自我保护的意识和能力，从而真正做到防患于未然，从根源上解决食品安全问题。

本书主要按照食品种类来介绍其中的化学性危害因素，并列举了一些典型的食品安全案例。全书共分九章，第一章、第二章由河南食品药品检验所谷瑞丽编写，第三章、第五章由郑州轻工业学院李星科编写，第四章、第七章由河南农业大学谢新华编写，第八章由河南省质量技术监督局陶建编写，第六章、第九章由郑州轻工业学院安广杰编写，全书由安广杰统稿。另外，在本书编写的过程中得到了河南大学出版社的大力支持，同时还引用和参考了相关资料，在此一并表示感谢。

随着科技水平的发展，人们对食品安全的认识也在不断发展，本书只是介绍了当前的一些情况，由于时间有些仓促，不足之处还请谅解，并希望能得到读者的批评、指正，以便我们修改、完善。

安广杰

2011 年 11 月于郑州

目 录

第一章　绪　论

第一节　食品生产发展简史

几千年来，人们对食物的加工仅限于简单的手工操作，而借助机械设备进行的食品生产加工，最早可以追溯到 18 世纪末 19 世纪初。1810 年，法国的阿培尔提出用排气、密封和杀菌的基本方法来保存食品的“食品贮藏法”。随着该方法的提出，世界上第一家罐头厂于 1812 年建成。1872 年，美国人发明了喷雾式奶粉生产工艺，开始了乳制品的生产。食品生产加工技术在科学技术发展的同时迅速发展起来，食品生产加工的范围和深度不断扩展。

我国自古就有“民以食为天”的俗语，食品加工技术也一直位于世界的前列，但是到了近代，由于历史、社会等方面的原因，我国的食品工业发展非常缓慢，食品消费基本上处于相对落后的状态，仍然以农产品的直接消费为主，所谓的食品生产加工也仅限于粗、浅加工。

新中国成立后，食品生产工业经历了一段曲折的发展道路，直至十一届三中全会以后，国家调整了轻重工业比例，开展技术改造，食品生产工业才走上了健康发展的道路，并逐年以递增速度发展。

新中国成立以来，我国的食品生产工业有三个明显的发展阶段，呈现了不同的发展特点：

第一阶段为从新中国成立初期到 20 世纪 70 年代末，此阶段的主要特点是以农业基础原料加工为主的食品初加工，可以称为农产品初级加工阶段。此阶段由于受我国农业生产力发展水平和食品工业生产能力的限制，食品供应严重匮乏，人们生活所需要的各种食品不能满足基本数量的需求，绝大部分食品不得不采用凭证供应的方式，与此相适应，人们的食品消费观念只能是以解决温饱问题为核心。在这个阶段中，我国的食品工业发展以尽量满足人们对食品的数量需求、解决最基本的生存需要为主，生产重点是以保证食品供应数量为主，主要发展粮食油料加工等。人们也很少对消费的食品提出其他更多的要求。

第二阶段是从20世纪80年代到20世纪末，此阶段的主要特点是产业结构调整，食品生产进入快速发展阶段，食品生产呈现多元化。从国家政策层面看，大力发展的食品工业成为解决“三农”问题的重要产业和拉动区域经济发展的支柱产业。随后又在“西部大开发”、“振兴东北老工业基地”和“中部崛起”等政策的影响下，食品工业进一步得到全社会的重视和扶持。一方面着重发展农产品深加工，如开发生产食品专用油脂、专用面粉、蛋白粉等；另一方面开始发展多层次、多品种的食品，如婴幼儿食品、老年食品、孕妇食品、营养保健食品以及各类食品添加剂。在这个阶段，食品生产加大了研发的深度和广度，充分利用各种资源，不断提高食品生产技术水平。

第三阶段是从21世纪初至今，此阶段的主要特点是食品先进科技的大量应用，食品工业高速发展，带动食品相关工业呈现多元化发展。当今，人们的食品消费观已经由对量的追求转向对质的追求，向追求质量、营养、方便、安全的目标转变。总体上看，这一观念的转变，使得食品生产也面临更大的挑战与发展，一方面企业要将各种新型科技在食品加工中应用，如生物工程技术、气调保鲜技术、超高温瞬时灭菌技术、营养功能强化技术、仿真工程食品技术等；另一方面企业也要更加关注这些新型生产加工技术所产生的食品安全问题，只有这样才能保证食品满足营养均衡、方便、优质等特性。

进入21世纪以来，食品工业发展速度之迅猛，让我们始料不及。据统计，“十五”期间我国食品工业总产值的年均增长率约20%。在国家的政策支持下，食品工业的技术力量将进一步加强，原材料的加工能力将得到进一步的提高，人们也将享用到品种更全、功能更多、质量更好的食品。

第二节　我国食品生产安全现状及发展趋势

一、我国食品生产的安全现状

（一）我国食品生产概述

1.食品生产中现代化水平日渐提高

近年来食品机械产业、食品包装技术的快速发展，促进了食品生产的机械化水平。大中型食品加工企业中由连续化生产代替间歇式生产、由专业化生产代替通用化生产、由大型化生产代替中小型生产、由全程质量控制代替最终产品质量控制等的趋势，使得这些企业逐步实现了食品生产和包装过程的连续化生产、专业化作业、自动化调节、全程化控制和产业化经营等。还有诸如专项食品加工关键技术与设备的研发、高速灌装生产线智能设备的研制、无菌冷灌装生产线的使用等，表明在食品生产中现代化水平在逐渐提高。

2.食品生产中高新技术的作用越来越显著

近年来我国食品工业有了很大发展，其中高新技术的开发应用已成为食品工业发展的一个重要方向。高新技术不仅可提高生产效率，降低成本，而且可改善食品品质，开发新食品。目前食品行业市场化竞争加剧，食品消费需求不断变化，迫使食品生产企业努力研发或引进高新技术来增强企业竞争力。随着越来越多的高新技术应用于食品生产领域，食品生产加工业也呈现出前所未有的繁荣景象。当前，无菌冷罐装、真空冷冻干燥、超高温杀菌、超临界萃取、膜分离、分子蒸馏、静电杀菌、辐照、微波能、微胶囊化、挤压膨化、生物工程、营养功能强化等一批高新技术逐渐应用于食品行业，有力地推动了食品工业生产技术水平的提高以及产品结构和产业结构的优化升级。

3.食品企业初具规模

受世纪之交的市场化大发展与“入世”后各企业国际化步伐加快的影响，我国的食品企业逐渐呈现规模化发展。从20世纪90年代末开始，食品行业已涌现出一批实力强、管理佳、市场广、效益好的先进企业。

4.食品生产质量观念日益增强

随着日渐丰富的食品供应，人们对食品的要求变得越来越挑剔，不仅重视食品数量、价格、品牌，而且更加注重食品的质量、营养、安全和功能。食品消费观念的改变，推进着食品工业的发展，使食品生产企业更加注重创新能力的发展，也更加关注食品质量安全。

（二）我国食品生产中存在的问题

1.大部分企业规模小、布局分散

根据《中国的食品质量安全状况》白皮书统计的数据，2007年全国共有食品生产加工企业44.8万家。其中规模以上企业2.6万家，占总数的5.8%；规模以下、10人以上企业6.9万家，占总数的15.4%；10人以下小企业小作坊35.3万家，占总数的78.8%。大部分食品生产企业小，区域分散，生产设备较为落后，资源消耗多，缺乏市场竞争力。

2.食品生产加工水平较低

我国食品生产加工多为初加工，如我国的粮食、蔬菜、果品、肉类等产量均居世界首位，但食品加工的产品半成品多，制成品少。粮食深加工用粮不到粮食总产量的8%，而发达国家的这一比例在70%以上；蔬菜生产加工水平低，多为新鲜食用，而在发达国家90%以上的蔬菜都经过商品化加工处理后才进入流通领域；中国虽为肉类大国，肉品产量占世界总产量的1/4，但产品主要为冷鲜肉和分割肉，肉制品加工比例只有5%左右。可见，我国食品生产水平与国际先进水平差距悬殊。

3. 食品安全形势严峻

近年来，随着人们对食品安全的日益关注，各种食品安全问题不断暴露出来。首先是种植、养殖业的源头污染没有得到有效遏制，主要为化肥、农药残留，抗生素、激素残留，病疫性生物污染，动植物中毒素过敏污染，转基因食品原料的负面反应以及环境污染等问题。同时，食品生产领域存在众多食品安全隐患：一些企业无视法规、唯利是图，滥用各种添加剂，生产经营假冒伪劣甚至有毒食品；还有大量家庭作坊式的小型食品企业根本不具备生产合格产品的条件。在食品流通环节，由于包装、储藏、运输等设施落后和管理不善，也容易造成食品的二次污染。

目前，中国食品行业还缺乏生产加工环节的强制性安全标准，主要靠企业内部实施食品质量监控，这就为一些企业特别是管理不够规范的中小型食品企业逃避食品安全责任留下了制度监管漏洞。

二、我国食品生产的发展趋势

1. 充分利用农业资源，大力发展农副产品深、精加工，将是我国食品生产发展的一个主要方向。我国是农业大国，人口众多，在近一个时期内仍然要本着发展农产品精、深加工，努力提高农业效益和农民收入为着力点，通过发展食品经济来带动农业经济发展。食品行业将主要通过依靠科技进步，努力提高农产品综合加工能力，逐步实现由初级加工向高附加值精、深加工转变，由传统加工技术向先进适用技术和现代高新技术转变，由资源消耗型向高效利用型转变，实现农产品加工原料生产基地化，农产品及其加工制成品优质化，产加销经营一体化。其中着重发展粮、油、肉等的精深加工，不断发展干鲜果品保鲜储藏及精深加工等。

2. 更加注重产品质量安全，逐步完成食品生产产业升级。在食品加工过程中，质量控制体系不完善，产业化程度不高，尤其是一些小型企业设备陈旧，管理水平较低，质量安全意识淡薄，缺乏保证食品质量的必备条件，同时加上部分企业食品安全科技成果和技术储备不足，缺乏创新能力，使得生产的产品缺乏市场竞争力。针对这种情况，未来的食品生产将更加以产品质量安全为目标，通过产业整合和结构调整，实现规模化生产，同时在生产中建立完善的生产质量控制体系，实现全程监控，有效保障食品质量。

3. 为服务人们消费需求的转变，食品的功能性、休闲性等特性将更加全面地展现出来，方便食品、绿色食品及有机食品将成为食品消费的主旋律。随着人们生活节奏的加快，简便、营养、卫生、经济的方便食品市场潜力巨大，方便食品的发展是食品制造业的一场革命，始终是食品工业发展的推动力。与此同时，居民的生活水平和健康意识日益提高，人们对食品品质的要求越来越高，绿色食品、有机食品将越来越受到消费者青睐。人们的饮食习惯更加合理，更加科学，食品行业产品结构将进一步得到优化。

4. 生物技术将在食品生产中得到广泛应用，生产的机械化和自动化程度将进一步提高。现代生物技术主要是指基因工程技术、酶工程技术和发酵技术。基因工程技术的发展,使按照人的意愿创造新物种和改造现有物种成为可能,例如转基因牛肉和转基因番茄等。提高食品生产机械化和自动化程度,是生产安全卫生、高营养价值食品的前提和基本要求,也是实现食品加工企业规模化生产和发挥规模效应的必要条件。食品行业企业应该从传统的手工劳动和作坊式操作中解脱出来,提高生产的机械化、自动化程度。

第三节　食品添加剂概述

一、什么是食品添加剂

食品添加剂就是为改善食品品质和色、香、味,以及为防腐、保鲜和加工工艺的需要而加入食品中的人工合成或者天然物质。营养强化剂、食品用香料、胶基糖果中基础剂物质、食品工业用加工助剂也包括在内(GB 2760-2011)。近年来,随着现代食品工业的快速发展,人们对食品的加工品质和感官品质要求越来越高,这促进了食品添加剂工业的快速发展。食品在生产、加工、贮藏过程中,适当地使用食品添加剂会有助于食品品种的多样化,改善食品的质量、档次和色香味,对食品的防腐、保鲜、提高营养价值,对新产品的开发及保证食品加工工艺的顺利进行等方面,都起着十分重要的作用。由于食品工业的快速发展,食品添加剂已经成为现代食品工业的重要组成部分,并且已经成为食品工业技术进步和科技创新的重要推动力。可以说,没有食品添加剂就没有现代食品工业。

(一) 食品添加剂的分类

1. 按来源分类:有天然食品添加剂和人工化学合成添加剂两大类。天然食品添加剂又分为由动植物提取制得添加剂和由生物技术方法制得添加剂两种;人工化学合成添加剂又分为一般化学合成品与人工合成天然等同物,如天然等同香料、天然等同色素等。

2. 按生产方法分类:有化学合成添加剂、生物合成添加剂(酶法和发酵法)、天然提取物添加剂三大类。

3. 按作用和功能分类:按照《食品添加剂使用标准》(GB2760-2011),把食品添加剂分为 23 大类:防腐剂、面粉处理剂、着色剂、漂白剂、护色剂、酸度调节剂、抗结剂、消泡剂、抗氧化剂、膨松剂、乳化剂、酶制剂、增味剂、被膜剂、水分保持剂、营养强化剂、稳定和凝固剂、甜味剂、增稠剂、食品用香料、胶姆糖基础剂、食品工业用加工助剂和其他。

（二）食品添加剂在食品加工中的重要作用

1. 改善和提高食品的感官指标

食品的色香味、形态和口感是衡量食品质量的重要指标。食品加工过程一般都有碾磨、破碎、加温、加压等操作，在这些加工过程中，食品容易褪色、变色，有一些食品固有的香气也散失了。此外，同一个加工过程难以解决产品的软、硬、脆、韧等口感的要求，因此，适当地使用着色剂、护色剂、食品用香料、增稠剂、乳化剂等，可明显地提高食品的感官质量，满足人们对食品风味的需要。

2. 保持和提高食品的营养价值

食品防腐剂和抗氧化剂在食品工业中可防止食品氧化变质，对保持食品的营养具有重要的作用。同时，在食品中适当地添加一些营养素，可大大提高和改善食品的营养价值。这对于防止营养不良和营养缺乏，保持营养平衡，提高人们的健康水平具有重要的意义。

3. 有利于食品保藏和运输，延长食品的保质期

各种生鲜食品和各种高蛋白含量食品如不采取防腐保鲜措施，将很快腐败变质。为了使食品在保质期内保持应有的质量和品质，需要使用防腐剂、抗氧化剂和保鲜剂。

4. 增加食品的花色品种

食品的主要原料除粮油、果蔬、肉、蛋、奶外，还有一类不可缺少的物质，就是食品添加剂。各种食品根据加工工艺、品种、口味的不同，一般要选用正确的各类食品添加剂，才能获得不同的花色品种。

5. 提高经济效益和社会效益

食品添加剂的使用不仅能增加食品的花色品种和提高食品品质，而且能降低原材料消耗，提高产品收率，从而降低生产成本，可以产生明显的经济效益和社会效益。

（三）食品加工中常用的食品添加剂种类

1. 防腐剂

防腐剂是能防止食品腐败变质、延长食品储存期的物质。目前常用的防腐剂按照来源和组成主要可分为有机防腐剂、无机防腐剂、生物防腐剂。目前使用较多的是有机防腐剂，主要是苯甲酸和苯甲酸盐、山梨酸和山梨酸盐等。考虑到防腐剂的使用会对人体产生危害，新的国家标准中对防腐剂的使用范围和添加量都有严格的要求。

2. 面粉处理剂

面粉处理剂是促进面粉熟化和提高面制品质量的物质。值得注意的是，原来面粉中作为增白剂的过氧化苯甲酰和过氧化钙已经被国家明令禁止添加使用。

3. 着色剂

着色剂是改善食品色泽的物质。着色剂通常包括食用合成色素和食用天然色素

两大类。食用合成色素主要指用人工化学合成方法所制得的有机色素，目前世界各国允许使用的食用合成色素几乎全是水溶性色素。此外，在许可使用的食用合成色素中，还包括它们各自的色淀。色淀是由水溶性色素沉淀在许可使用的不溶性基质（通常为氧化铝）上所制备的特殊着色剂。

食用天然色素来自于天然物质，且大多是可食资源，是利用一定的加工方法所获得的有机着色剂。我国批准使用的食用天然色素约有60种，它们主要是由植物组织中提取，也有来自动物和微生物的。食用天然色素的色素含量和稳定性一般不如人工合成品，不过，人们对其安全感比合成色素高，尤其是对来自水果、蔬菜等食物的天然色素更是如此，故近年来发展很快，各国许可使用的品种和用量均在不断增加。着色剂在食品加工中使用的范围较广，尤其在糖果、糕点、饮料、蜜饯等食品中使用较多。

4. 漂白剂

漂白剂是破坏、抑制食品的发色因素，使其褪色或使食品免于褐变的物质，分为氧化漂白剂及还原漂白剂两类。漂白剂除可改善食品色泽外，还具有抑菌等多种作用，目前使用较多的有二氧化硫、硫黄等，主要用于干制蔬菜、蜜饯凉果、经表面处理的鲜食用菌和藻类等，但国家对其使用量有严格的要求。

5. 护色剂

护色剂又称发色剂，能与肉及肉制品中呈色物质作用，使食品在加工、保藏等过程中呈现良好色泽。常用的护色剂有亚硝酸钠、亚硝酸钾、硝酸钠和硝酸钾等。其作用原理主要是亚硝酸盐所产生的一氧化氮与肉类中的肌红蛋白和血红蛋白结合，生成一种具有鲜艳红色的亚硝基肌红蛋白和亚硝基血红蛋白。常用于腌腊肉制品类、酱卤肉制品类、烧烤肉类、油炸肉类、西式火腿类等肉制品加工中。但由于亚硝酸盐具有一定毒性，尤其可与胺类物质生成强致癌物亚硝胺，因此国家对其添加量有严格的要求。

6. 酸度调节剂

酸度调节剂亦称pH调节剂，是用以维持或改变食品酸碱度的物质，主要有酸化剂、碱化剂以及具有缓冲作用的盐类。

酸度调节剂具有增进食品质量的许多功能特性，例如改变和维持食品的酸度并改善其风味；增进抗氧化作用，防止食品酸败；与重金属离子络合，具有阻止食品氧化或褐变反应、稳定颜色、降低浊度、增强胶凝特性等作用。其应用主要受食品所需特性控制，通常以有机酸类及具有缓冲作用的盐类为主。又由于很多有机酸都是食品的正常成分，大部分都参与人体正常代谢，因而安全性高，使用广泛。

7. 抗结剂

抗结剂又称抗结块剂，是用来防止粉状或颗粒食品聚集结块，保持其松散或自由流动状态的物质。抗结剂颗粒细微，松散多孔，吸附力强，易吸附导致形成结块的水分、油脂等，从而使食品保持粉状或颗粒状态。

8. 消泡剂

消泡剂是在食品加工过程中降低食品表面张力、消除泡沫的物质。在食品加工时，如发酵、搅拌、煮沸、浓缩等过程中可产生大量气泡，会影响正常操作的进行，必须及时消除或使之不产生。

消泡剂大致可分为两类：一类能消除已产生的气泡，如乙醇等；另一类能抑制气泡的形成，如乳化硅油等。

9. 抗氧化剂

抗氧化剂是指能防止或延缓食品成分氧化变质的食品添加剂。食品成分氧化变质的表现主要有食品的酸败、褪色、维生素被破坏等。

抗氧化剂的使用可以延长食品的贮存期、货架期，给生产者、经销者带来良好的经济效益，也给消费者带来一定的安全感。

10. 膨松剂

膨松剂添加于生产焙烤食品的原料中，在加工过程中膨松剂会受热分解，产生气体，从而使食品膨松、柔软、酥脆，主要分为碱性膨松剂和复合膨松剂两类。

膨松剂不仅可提高食品的感官质量，而且也有利于食品的消化吸收，这对于当今大力发展的方便食品具有一定的重要性。近年来的研究表明，膨松剂中的铝对人体健康不利，因而人们正在研究减少硫酸铝钾和硫酸铝铵等膨松剂在食品生产中的应用，并探索用新的物质取代这类膨松剂，尤其是取代其在我国人民喜食的油条中的应用。

11. 乳化剂

乳化剂是能改善乳化体中各种构成相之间的表面张力，形成均匀分散体或乳化体的物质。它能稳定食品的物理状态，改进食品组织结构，简化和控制食品加工过程，改善食品风味、口感，提高食品质量，延长食品货架寿命等。

乳化剂在食品加工中主要应用在焙烤食品及淀粉制品、冰淇淋、人造奶油、巧克力、糖果、口香糖、植物蛋白饮料、乳化香精等之中。乳化剂是消耗量较大的一类食品添加剂，各国许可使用的品种很多，目前我国批准使用的约有 30 种。

12. 酶制剂

酶制剂是从生物(包括动物、植物、微生物)中提取的具有生物催化能力的物质，辅以其他成分，用于加速食品加工过程和提高产品质量。

酶是生物细胞原生质合成的具有高度催化活性的蛋白质，因其来源于生物体，因此通常被称作生物催化剂。又由于酶具有催化的高效性、专一性和作用条件温和等优点，所以越来越得到重视，被广泛应用于食品加工行业，在提高产品质量、降低成本、节约原料和能源、保护环境等方面产生了巨大的社会效益和经济效益。

13. 增味剂

增味剂也称风味增强剂，是补充或增强食品原有风味的物质，我国也称其为鲜味剂。鲜味剂不影响任何其他味觉刺激，而只增强食品各自的风味特征，从而改进食品的可口性。有些鲜味剂与味精合用，有显著的协同作用，可大大提高味精的鲜味强度（一般增加10倍之多），故目前市场上有多种强力味精和新型味精出现，深受人们欢迎。

此外，近年来人们对天然鲜味抽提物很感兴趣，并开发了许多产品，如肉类抽提物、酵母抽提物、水解动物蛋白和水解植物蛋白等，将其和谷氨酸钠、5′-肌苷酸钠和5′-鸟苷酸钠等以不同的组合与配比，制成适合不同食品使用的复合鲜味料。这类鲜味剂不仅风味多样，而且富含蛋白质、肽类、氨基酸、矿物质等营养成分，有较大的发展潜力。

14. 被膜剂

被膜剂是用于食品外表涂抹，起保质、保鲜、上光、防止水分蒸发等作用的物质。有些水果表面涂一层被膜剂后，可以抑制水分蒸发，防止微生物侵入，并形成气调层，因而可延长水果保鲜时间。有些糖果如巧克力等，表面涂被膜剂后不仅外观光亮，而且还可以防止粘连，保持质量稳定。

15. 水分保持剂

水分保持剂是有助于保持食品中的水分的物质，多指用于肉类和水产品加工中增强其水分稳定性和具有较高持水性的磷酸盐类。磷酸盐可保持肉类和水产品的持水性，增加结着力，保持食物的营养成分及柔嫩性。

16. 营养强化剂

食品营养强化剂是指为增强营养成分而加入食品中的天然的或人工合成的，属于天然营养素范围的食品添加剂。通常包括氨基酸、维生素和无机盐、脂肪酸四类。上述四类营养成分，在不同的食品中分布和含量不同，同时，在食品烹调、加工、保存等过程中，营养素可能受到损失，为了使食品保持原有的营养成分，或者为了补充食品中所缺乏的营养素，而向其中添加一定量的食品营养强化剂，以提高其营养价值，这样的食品也称为营养强化食品。

17. 稳定和凝固剂

稳定和凝固剂是使食品结构稳定或使食品组织结构不变，增强食品黏性固形物的一类食品添加剂，目前我国批准使用的有8种。

18. 甜味剂

甜味剂是指赋予食品甜味的食品添加剂。目前世界上使用的甜味剂很多，有几种不同的分类方法：按其来源可分为天然甜味剂和人工合成甜味剂；按其营养价值可分为营养性甜味剂和非营养性甜味剂；按其化学结构和性质又可分为糖类甜味剂和非糖类甜味剂等。我国目前批准使用的甜味剂有20种。

糖类甜味剂如蔗糖、葡萄糖、果糖、果葡糖浆等在我国通常称为糖，并视其为食品，低聚糖如低聚果糖、低聚麦芽糖等，除具有一定甜度外，还具有一定生理活性，属于食品配料，仅糖醇类和非糖类甜味剂才作为食品添加剂管理。糖醇类甜味剂多由人工合成，其甜度与蔗糖相当，热值较低，与葡萄糖有不同的代谢过程，有其特殊的用途。非糖类甜味剂的甜度很高，用量极少，热值很小，多不参与代谢过程，常称为非营养性或低热值甜味剂，亦称高甜度甜味剂。

19. 增稠剂

增稠剂可提高食品的黏稠度或形成凝胶，从而改变食品的物理性状，赋予食品黏润、适宜的口感，并兼有乳化、稳定或使食品呈悬浮状态的作用。我国目前批准使用的增稠剂有39种。增稠剂都是亲水性高分子化合物，也称水溶胶。按其来源可分为天然增稠剂和化学合成(包括半合成)增稠剂两大类。

20. 食品用香料

食品用香料是指能够用于调配食品香精，并使食品增香的物质。它不但能够增进食欲，有利消化吸收，而且对增加食品的花色品种和提高食品质量具有很重要的作用。食品用香料按其来源和制造方法等的不同，通常分为天然香料和合成香料两大类。

食品用香料是一类特殊的食品添加剂，其品种多、用量少，由于其本身强烈的香和味，在食品中的用量常受自我限制。目前世界上所使用的食品香料有近2000种，我国已经批准使用的有1800余种。食品香料应用非常广泛，在糕点、糖果、饮料等食品中必不可少，同时也明确规定了在一些食品中不允许添加，如巴氏杀菌乳、灭菌乳、发酵乳、稀奶油、新鲜水果、新鲜蔬菜、冷冻蔬菜、新鲜食用菌和藻类、原粮、大米、小麦粉、生鲜肉、鲜水产、鲜蛋、食糖、蜂蜜、盐及代盐制品、6月以内婴幼儿配方食品、饮用天然矿泉水等27类食品。

21. 胶姆糖基础剂

胶姆糖基础剂是赋予胶姆糖起泡、增塑、耐咀嚼等性质的物质。胶姆糖基础剂一般以高分子胶状物质如天然橡胶、合成橡胶等为主，加上软化剂、填充剂、抗氧化剂和增塑剂等组成。

二、食品添加剂使用中存在的主要问题

1. 食品添加剂的超量、超范围使用

《食品添加剂使用标准》中对食品添加剂的种类、使用范围和添加量都有很明确的规定，但是在现实中，食品添加剂的安全问题多数还是由于超量、超范围的使用与添加。虽然在国家规定范围内使用食品添加剂一般对人体无害，但如果违反规定，超量使用或者在不允许添加的食品中超范围使用均会损害人体健康。

例如，超量添加人工合成色素，会对人体产生危害。人工色素大多以煤焦油为原料制成，属于偶氮类化合物，在体内代谢生成β-萘胺和α-氨基-1-1萘酚，这两种物质具有潜在的致癌性，因而人工合成色素的用量必须加以严格控制。再如，超量、超范围使用着色剂亚硝酸盐甚至会危及生命。亚硝酸盐本身就具有一定毒性，尤其可与胺类物质生成强致癌物亚硝胺，若超量食用，轻者出现恶心、呕吐、皮肤青紫，重者会昏迷、抽搐、呼吸衰竭甚至死亡。

2. 违禁使用食品添加剂

《食品添加剂卫生管理办法》明确规定，食品添加剂的使用必须符合《食品添加剂使用标准》或卫生部公告的品种及使用范围、使用量。但是，近年来发生的很多食品安全事件，却多数是因为添加了非食用物质，也就是国家明令禁止在食品中添加的一些物质。例如，用吊白块加工熏制面粉或其他食品；用甲醛加工、保存水发制品；将工业性的染料如苏丹红Ⅰ号、玫瑰红、美术绿等用于食品加工；用工业用明胶加工冰淇淋、肉皮冻等；用工业乙酸等勾兑食醋；等等，这些非法行为不但破坏了被加工食品本身的安全、营养，还导致了对人体健康的严重损害。

三、食品添加剂行业的发展趋势

我们应该明白，在食品行业高速发展的今天，工业化生产的食品“不使用任何食品添加剂”的提法是不科学的。食品添加剂是食品工业化的必然产物，没有食品添加剂就没有现代食品工业。未来食品添加剂行业的发展方向，一方面是在我们科学、合理地使用食品添加剂的基础上，食品添加剂的发展将更加广泛，将被主要应用在食品深加工中，在发展食品品种的多元化和食品的功能性、休闲性等特性中发挥积极作用。另一方面，为了保障食品安全，降低食品添加剂产生的危害，政府要加大对食品添加剂的监管力度，严厉打击滥用和超量、超范围使用食品添加剂，严厉打击非食用添加物在食品中滥用，同时人们还应该更加关注食品添加剂本身所引起的安全性问题，包括食品添加剂的生产安全、食品添加剂的应用安全评估等。

☞知识链接

正确认识食品添加剂

添加了“三聚氰胺”的奶粉、添加了“瘦肉精”的瘦肉……一系列食品安全事件引发社会的高度关注，“食品添加剂”也被推至风口浪尖。按照《中华人民共和国食品安全法》第九十九条，对食品添加剂定义为：为改善食品品质和色、香、味，以及为防腐、保鲜和加工工艺的需要而加入食品中的人工合成或者天然物质。食品添加剂既有人工合成的化学物质，也有来源于动植物的天然物质。

公众谈食品添加剂色变，更多的原因是混淆了非法添加物和食品添加剂的概念，把一些非法添加物的罪名扣到了食品添加剂的头上，而这显然是不正确的。其实，几乎所有食品中都含有食品添加剂。食品添加剂不仅能够改善食品的色香味，还有利于食品加工和保存。对于有特殊需要的人群来说，食品添加剂更是不可缺少，例如，糖尿病人不能摄入过多糖，就需要无营养甜味剂或低热量甜味剂等。

据中国标准化研究院食品农业研究所专家介绍，食品添加剂的使用原理与药物一样，关键在于平衡剂量与效应的对应关系。我国食品添加剂的使用需具备三个条件：第一，必要性。食品加工如果可以不用食品添加剂就不能加。第二，安全性。除了科学实验之外，至少有两个发达国家使用后证明安全可靠的食品添加剂，我国才会批准使用。第三，合法性。食品企业只有正确使用国家批准的食品添加剂才是合法的行为。

食品添加剂并非妖魔，只要生产者严格按照我国法律法规和行业标准来使用，食品添加剂不光无害，反而有利。

第四节　食品生产安全控制体系

随着生活水平的提高以及食品消费观念的转变，人们更加关注食品的质量、营养和安全。同时在食品机械业、食品包装业、食品添加剂行业等相关产业的发展下，食品工业也呈现更加快速的发展势头，各种高新科学技术开始普遍应用于食品生产加工中。食品加工技术应能有效地保留食品中的营养物质，并尽可能地减少原料生产、加工、包装、储藏、运输、销售和消费等多个环节中可能产生的危害，以确保最终食品的质量、营养和安全。因此，通过对生产加工各环节进行质量安全控制来保障最终产品的质量安全也显得越来越迫切，各食品生产加工厂家及相关部门已经逐步建立了有效的食品安全控制方法或体系。

目前国内外各种先进的质量控制管理方法不断涌现，主要有良好操作规范、卫生标准操作程序、ISO 9000 质量管理体系标准族、危害分析与关键控制点体系等。

（一）良好操作规范

良好操作规范（简称 GMP）是一种特别注重生产过程中产品质量与卫生安全的自主性管理制度。

我国食品企业的质量管理规范的制定工作起步于 20 世纪 80 年代中期。1994 年总结修订后形成了《出口食品生产企业卫生要求》和《食品企业通用卫生规范》，对食品生产加工企业提出操作卫生规范。在此基础上先后通过 9 个专业的出口食品企业卫生规范和 15 个食品加工企业卫生规范，这标志着我国的食品企业管理正逐渐朝着高层次质量管理方向发展。

1998 年，卫生部颁布了《保健食品良好生产规范》（GB17405-1998）和《膨化食品良好生产规范》（GB17404-1998），相比以往的自愿实施的各种卫生规范，这是我国首批颁布的食品强制性标准。它最突出的特点是增加了品质管理的内容，对企业从业人员素质及资格也提出了具体要求，对工厂硬件和生产过程管理及自身卫生管理的要求更加具体、全面、严格。近几年，卫生部还组织制定了乳制品、熟肉制品、饮料、蜜饯及益生菌类保健食品等企业的 GMP，并陆续发布实施，对我国的食品生产加工企业实施更加全面和严格的规范化管理。

总结我国现有GMP，其涉及的内容主要有：①原材料采购、运输的卫生要求；②工厂设计与设施的卫生要求；③工厂卫生管理；④生产过程的卫生要求；⑤质量检验的卫生管理；⑥成品储存、运输的卫生要求；⑦从业人员卫生与健康的要求。

（二）卫生标准操作程序

卫生标准操作程序（简称SSOP）是食品生产加工中实施GMP所要满足的卫生要求，它与食品卫生处理和加工工厂环境的清洁程度有关，是强调食品生产车间、环境、人员及与食品有接触的器具、设备中可能存在的危害的预防、清洗（洁）消毒以及卫生标准的作业指导书。

按照我国相关法律法规的要求，食品生产企业应建立并实施SSOP，SSOP要强调加工前、加工中、加工后的卫生状况、卫生行为，要对加工者如何保证一个关键的卫生条件和操作进行详细描述，要对企业如何保证达到GMP的基本条件和要求进行详细描述，并接受相关部门的监督。

与GMP相比，SSOP是企业为了达到GMP所规定的要求，保证所加工的食品符合卫生要求而制定的指导食品生产加工过程中如何实施清洗、消毒和卫生保持的作业指导性文件。它没有GMP的强制性，是企业内部的管理性文件。

SSOP计划至少包括8个方面：①加工用水和冰的安全性；②食品接触表面的清洁卫生；③防止交叉污染；④洗手、手消毒和卫生间设施；⑤防止污染物（杂质等）造成的不安全；⑥有毒化合物（洗涤剂、消毒剂、杀虫剂等）的贮存、管理和使用；⑦ 加工人员的健康状况；⑧虫、鼠的控制。在实际中，SSOP计划的制订与实施具有很灵活的操作性，可以根据各个企业的自身情况进行量身制定，它是大多数食品加工企业惯用的质量控制手段。

（三）ISO 9000质量管理体系标准族

ISO 9000族是国际标准化组织质量管理和保证技术委员会制定的质量管理系列标准的总称，是在总结世界各国，特别是工业发达国家质量管理经验的基础上产生的，是宝贵的软件财富。ISO 9000族的核心是质量管理和质量保证标准，已被80多个国家采用并转化为本国的国家标准，适用于广泛的工业行业和经济部门。

ISO 9000族主要有三种质量保证模式：①设计、开发、生产、安装和服务的质量保证模式；②生产、安装和服务的保证模式；③最终检验和试验的保证模式。它是一个组织或受益者主动提出，为了竞争和保持良好的经济效益而要求使用的更加行之有效的质量管理体系。

（四）危害分析与关键控制点体系

危害分析与关键控制点（简称HACCP）体系是目前各国食品安全领域极力推广使用的一种食品安全控制体系。HACCP体系是针对食品生产的一种先进质量管理系统，它将危害分析分解到生产的各个环节，通过评价其产生危害的可能性和严重性来制定相应的控制方法，所以HACCP体系高效的防范功能得到使用者的青睐，从而在食品行业中迅速推广。

HACCP 体系是保证食品质量和安全的有效方法，能够确保生产工艺中更有效地保障产品的安全性，是增强企业产品市场竞争力的一个重要手段。

GMP、SSOP 控制的是一般食品卫生方面的危害，HACCP 体系重点控制食品安全方面的显著性危害。仅仅满足 GMP 和 SSOP 的要求，企业要靠繁杂、低效率和不经济的最终产品检验来减少食品安全危害给消费者带来的健康伤害(即所谓的事后检验)；而企业在满足 GMP 和 SSOP 的基础上实施 HACCP 体系，可以将显著的食品安全危害控制和消灭在加工之前或加工过程中(即所谓的事先预防)。HACCP 体系不是一个独立的程序，而是一个控制程序体系中的一部分，这个庞大的控制体系以 GMP 为基础，涉及 SSOP、培训计划、维护保养计划、产品召回计划、产品识别代码计划等。

GMP、SSOP、HACCP 体系的最终目的都是为了使企业具有充分、可靠的食品安全卫生质量保证体系，生产加工出安全卫生的食品，从而保障食品消费者的食用安全和身体健康。

第二章　粮油的安全生产

第一节　粮油安全生产概述

食物是人类生存的基础，也是国家稳定和社会发展的永恒主题。粮油及其制品是食物的最重要组成部分，是人类生存繁衍的基础。粮油加工是指对原粮、油料等基本原料进行处理，制成成品粮油及其制品的过程，主要包括稻谷加工、小麦制粉、玉米及杂粮加工、植物油加工等。粮油加工产业及其产品，是食品工业的基础工业和基础原料，粮油加工产品及其制品与人们的生活息息相关，粮油生产是食品工业中最重要的内容。

蛋白质、碳水化合物和脂肪是人类生存最基本、最重要的三大营养素，米、面、油及其制品是富含三大营养素的杰出代表，是人体营养健康的基本保障。近些年，随着食品工业的快速发展，人们的食品消费观念发生了很大的变化，人们在关注食品满足身体基本需求的基础上更加关注食品的功能性和保健性。

一、影响粮油安全的主要危害因素

（一）生物性危害

粮油中的生物性危害主要是指生物（主要指微生物）本身及其代谢过程、代谢产物对粮食作物及油料作物本身和其生产加工，成品储存、运输以及销售等多个环节造成的污染。主要污染源包括细菌及细菌毒素、霉菌及霉菌毒素、病毒、寄生虫及寄生卵等。

常见污染粮油的细菌有假单孢菌、微球菌、葡萄球菌、芽孢杆菌与芽孢梭菌、肠杆菌、乳杆菌等。霉菌及其产生的毒素有200余种，不同的霉菌产毒能力不同，毒素的毒性也有强弱之分。常见的霉菌毒素有黄曲霉毒素、杂色曲霉毒素、赭曲霉毒素、岛青霉毒素、黄绿青霉毒素、红色青霉毒素、镰刀菌毒素等，许多毒素是致癌物质。其中以黄曲霉毒素毒性最强，属剧毒物质，且有强烈的致癌性，因此由黄曲霉毒素引发的粮油安全问题越来越多地被大家所关注。

黄曲霉是粮油生产中最常见的霉菌之一，常在农作物收获、储存、运输期间或加工过程中产生。其中最易受到污染的是棉子、花生、玉米及其制品，其次是稻谷、小麦、大麦、高粱、芝麻等，大豆是最不易受污染的粮食作物之一。黄曲霉在30℃～38℃温度范围内生长迅速，一般第3天开始产生黄曲霉毒素，第10天产毒量达到最高峰。近几年来，在牛奶、奶酪、酒类、酱油、豆酱等食品中相继发现黄曲霉毒素，其主要原因是原料和辅料在运输或储藏过程中遇雨受潮而发生了霉变。此外，用黄曲霉毒素污染的粮食作物饲养动物，也会导致黄曲霉毒素在动物体内蓄积，间接给人类带来危害。

为了避免由于黄曲霉毒素引发的粮油安全问题，应积极地采取防霉、去霉措施：一方面要妥善保存、储藏粮食作物和油料作物，要保持储存环境的干燥状态，如将禾谷类粮食水分降到13%以下，油料水分降到8%以下，保持储存仓内的相对湿度不高于65%，能有效抑制储粮霉变。另一方面对于已经被污染的粮油原料，在生产加工中要做好去霉工作。首先进行人工去霉，挑选出原料中的霉粒、破损粒、虫蚀粒、瘪粒；其次在加工中使用去霉去毒方法，如可通过加工脱壳、精碾去掉稻谷和玉米中的黄曲霉毒素，油脂加工中的精炼工序也能有效地去除油料作物中的黄曲霉毒素。

（二）化学性危害

1.粮油作物中天然有害物质的危害

原料作物中的天然有害物质也是影响粮油质量安全的因素之一。粮油作物中常见的天然有害物质是棉酚。棉酚存在于生棉子中，含量为0.15%～2.8%，榨油后大部分进入油脂中，含量可达到1%～1.3%。棉酚是一种毒苷，可损害人体的肝、肾、心等实质脏器及中枢神经，并影响人的生殖系统。由于棉酚引发的中毒后果非常严重，为了避免由此产生的粮油安全问题，一方面，要加大对公众宣传力度，提醒人们切勿食用粗制的生棉子油；另一方面，要求企业在加工中进行严格操作，棉子榨油前必须要粉碎和蒸炒加热，或是在加工过程中通过碱炼促使棉酚分解破坏。

2.有害化学污染物的危害

有害化学污染物污染粮油的主要途径有以下几种：一是为防治农作物病虫害使用农药，造成对粮油作物的直接污染；二是粮油作物根部吸收造成的间接污染；三是在储存环节由于粮油对熏蒸剂、防护剂的强吸附性造成的污染；四是运输流转环节与农药混放造成的污染等。随着现代工业技术的发展，工业有害物质及其他化学物质对粮油的污染也越来越引起人们的重视。工业有害物质及其他化学物质主要是重金属和有机毒物等，如砷、镉、汞、铅、亚硝基化合物等。工业有害物质污染粮油的途径有环境污染、水质污染以及食品容器和包装材料的污染、生产设备和工具的污染及运输过程的污染等。

有害化学污染物质对粮油安全影响较大，为了有效降低此类危害，一方面国家应加大对农药及仓储药剂使用的监督管理，严格使用量，禁止使用高毒、高残留的农药和药剂；另一方面要通过环境治理和污水治理，严格控制及调整产业结构，减少环境污染对粮油的污染。

（三）物理性危害

粮油中的物理性危害主要是指粮食作物和油料作物收获、储存及其生产加工、成品储存、运输等过程中带入的一些外来物质，通常包括一些砂粒、煤渣、矿渣、玻璃碴、灰尘、金属物、塑料袋等。

为了减少粮油中的物理性危害，要把握住关键环节，防止这些外来物质进入，一是在原料收获期间，尽量避免带入；二是在加工中有效去除异物，同时加强加工过程管理，防止再带入外来异物。

二、保障粮油安全的有效措施

粮油是人们生存的基本食物，为使我国粮油及其制品的安全及卫生得到保障，今后我们要做的工作还有很多：首先要从种植源头做起，要加强农业环境保护，从源头上确保粮食质量安全。近年来由于工业“三废”的排放和生活垃圾的大量产生，农业生产中不合理使用化肥、农药，导致大气、水和土壤的污染，造成粮油作物农药残留、重金属超标等，从而在源头上给粮食质量安全带来了隐患。其次是生产加工中，要鼓励粮油生产企业引入科学质量管理制度，从原料采购、加工、包装、储存等每一个环节上进行严格质量控制，确保产品质量安全，同时对采用非法手段进行粮油加工的行为进行严厉打击。

同时，国家要加快粮油产品立法步伐，制定粮油及其制品的管理法规，加强粮油生产、储存、流通过程的标准化建设，建立和健全粮油质量、安全与卫生检测检验体系，强化粮食生产过程环境保护，大力发展无污染、安全优质的粮油生产，推广绿色储粮工程，加快发展放心粮油、绿色粮油和无公害粮油，促进粮油可持续发展。

第二节　面粉及面制品

一、面粉及面制品生产概况

小麦是人们赖以生存的主要粮食作物之一，它含有较多蛋白质，是多种主食和副食的加工原料。我国人口众多，对小麦及其制品的消费需求量很高，因此，面粉和面制品的生产加工在食品行业中占有非常重要的地位。通过发展面粉及面制品生产的产业链，不断提升小麦加工工业化水平，开拓面制食品及相关产品的消费市场，是食品工业发展的一大趋势。

（一）小麦粉的生产

我国是世界上最大的小麦生产和消费国，小麦产量占世界小麦主产国总产量的16%～18%，2010年我国小麦产量为1.15亿吨。小麦粉是我国人民主要的食物之一，也是相当大一部分加工食品的基础原料，具有其他粮食作物不可替代的优势。

近十年来，我国的面粉加工业得到了飞速发展，面粉产品在普通粉、标准粉、特制粉的基础上逐渐发展专用粉、专供粉，并使其成为面粉业的重要产品。普通粉、标准粉、特制粉是根据加工精度不同而区分的；专用粉和专供粉是根据生产的面制品特性而进行加工的，一般使用特殊品种小麦磨制而成，或根据使用的需要，在等级粉的基础上加入各种改良剂（食品添加剂）混合均匀而制成。专用粉种类多样，配方精确，质量稳定，为提高劳动效率、制作质量较好的面制品提供了良好的原料，常用的专用粉如面包粉、馒头粉、饺子粉等。

随着食品工业化的发展，与之相匹配的多品种、多档次专用粉发展更加迅速。例如，有为近年来发展较快的速冻食品行业提供的速冻饺子粉或速冻馒头粉，为小食品工业化需求提供的沙琪玛、派等专用粉，为提高作坊加工竞争力的油条粉、线面粉等，还有新开发出的汉堡专供粉、春卷皮专供粉等。

（二）面制品的生产

人们对面制品消费需求的多样化直接推动了面制品行业的发展，从其产品和加工制品的特征来研究，面制品主要分为蒸煮制品（如馒头、包子、面条、水饺）、煎炸制品（如锅贴、馅饼、油条、麻花）、烘焙制品（如烧饼、烙饼、面包、饼干）、冲调制品（如炒面、油茶）四大类。我国的面制品有自己的民族特色、加工工艺、花色品种和地域品味。随着经济的发展和社会的进步，人们生活方式、生活节奏的变化，一日三餐的面制食品加工已逐渐从家庭劳动走向社会化、工业化生产。应用现代食品加工技术和经营管理理念，加速面制品传统产业的技术改造，是新世纪食品工业界面临的重要任务。

二、面粉及面制品生产中使用的食品添加剂

（一）面粉及面制品生产中常用的食品添加剂

面粉及面制品生产中使用的添加剂根据其作用不同可大致分为感官改善类添加剂、品质改善类添加剂和营养改善类添加剂。其中感官改善类添加剂主要是着色剂，着色剂可以有效改善原有面制品的色泽；品质改善类添加剂在面粉及面制品中应用较为广泛，主要有增筋剂、减筋剂、乳化剂、增稠剂、防腐剂、抗氧化剂等，合理地使用这些添加剂可以有效改善面团性质，提高面制品品质；营养改善类添加剂主要为氨基酸及含氮化合物、维生素和矿物质等，通过适当合理地添加，可以保证面粉及面制品具有合理、均衡的营养。

1. 着色剂

面制品中常用的着色剂有柑橘黄、核黄素、红花黄、红曲米、红曲红、姜黄、辣椒

橙、辣椒红、焦糖色、栀子黄、金樱子棕、柠檬黄、叶黄素、胭脂虫红、胭脂树橙等，主要用于改善或者赋予糕点、饼干、方便米面制品及焙烤食品的色泽，但其使用的范围和用量要严格按照国家标准进行。2011年3月，卫生部取消了面粉增白剂目录中的过氧化苯甲酰、过氧化钙，并要求禁止在面粉中添加。

2. 增筋剂和减筋剂

抗坏血酸（又名维生素C）、偶氮甲酰胺具有氧化作用，是一种有效的增筋剂，能有效地增加面粉团的弹性、韧性、持气性，主要用于面条、面包等的加工。L-半胱氨酸盐酸盐是有效的降筋剂，可以用来降低或减弱面粉筋力，主要用于糕点和饼干面粉的品质改良。

3. 乳化剂

乳化剂能够有效地增强面筋网络，提高面团的筋力，改进面团耐混捏性，还可以乳化非极性脂质，改善烘烤效果。面制品加工中使用的乳化剂种类很多，常用的有单双甘油脂肪酸酯、丙二醇、木糖醇酐单硬脂酸酯等。

4. 增稠剂

食品增稠剂不仅有增稠作用，还可以用做稳定剂、乳化剂、成膜剂、持水剂、胶凝剂、悬浮剂等。用于面制品加工的主要有醋酸酯淀粉、淀粉磷酸酯钠、果胶、决明胶、田菁胶、亚麻子胶（又名富兰克胶）等。果胶等食用胶作为增稠剂，能有效改善面制品品质，如使面条的硬度增加，提高面条的抗拉强度，降低黏着性，并使得煮熟后面条断条减少，固形物溶出率和面汤混浊度下降，面条爽滑、不粘牙，提高面条的综合品质。

5. 防腐剂

为了防止面粉及面制品受到细菌、酵母菌、霉菌等微生物的侵袭而导致的腐败变质，适当地添加防腐剂也是很有必要的。但在使用时，《食品添加剂使用标准》对防腐剂的添加量有非常严格的限量及使用范围的要求，允许使用的防腐剂种类也非常有限。如在生湿面制品（如面条、饺子皮等）中只允许添加辛酸甘油酯、丙酸及其钠盐、钙盐；方便米面制品（仅限米面灌肠制品）中仅可添加乳酸链球菌素、山梨酸及其钾盐，且有严格的使用限量；面包和糕点中可以适量添加山梨酸及其钾盐，丙酸及其钠盐、钙盐，而以前常用的苯甲酸及面盐类被禁止在面粉及面制品中添加。

6. 抗氧化剂

抗氧化剂能够阻遏面制品由于氧化而发生的变质，主要应用于植物油脂加工类面制品。目前常用的抗氧化剂有丁基羟基茴香醚（BHA）、二丁基羟基甲苯（BHT）、特丁基对苯二酚、硫代二丙酸二月桂酯、抗坏血酸棕榈酸酯、没食子酸丙酯（PG）。新型天然抗氧化物也逐渐被应用于面制品，如甘草抗氧化物、茶多酚、迷迭香提取物、维生素E、竹叶抗氧化物等。比较耐高温的抗氧化剂有油溶性的BHA和BHT 。BHA最重要的特点是能在焙烤和油炸食品中保持活性，在碱性条件下稳定，因此在面包及饼干加工中被广泛使用。BHT的应用范围与BHA相当，其抗氧化能力低于BHA。

（二）正确、适量地使用食品添加剂

面粉及面制品中合理添加食品添加剂属于合法行为，食品添加剂在规定的限量中不会对人体产生危害。曾有人提出质疑，为增加面条弹性而添加了品质改良剂食用胶之后，湿面条能燃烧，并以此判断食用胶是对人体有害的。其实，这种说法是不科学的。不管是干面条还是湿面条，其主要成分都是面粉，面粉中富含蛋白质、淀粉、非淀粉多糖、脂类等有机物，这些物质都具有可燃性，所以，湿面条在被火加热的情况下，会经历一个受热失水、干燥、燃烧的过程。事实上，食品添加剂也不会对面条产生助燃作用，所以，不能把湿面条能燃烧作为判断面条中含有有害食品添加剂的依据。

随着食品科学的发展，面粉品质改良剂的应用有效改善了面制品的品质。如制作面条时，可以添加醋酸酯淀粉、单双甘油脂肪酸酯、海藻酸丙二醇酯、海藻酸钠等乳化剂，还可以加入果胶、卡拉胶、黄原胶等食用胶，可使面条不易断条、不粘连、不混汤、口感细腻、咀嚼性好；馒头类发酵面制食品可添加单双甘油脂肪酸酯、蔗糖酯、酶制剂以及酸度调节剂等，可增强面筋，延缓直链淀粉老化，且有较好的保湿性，使食品口感柔软、有弹性、货架期延长；制作饺子、馄饨、烧卖时，可在面粉中添加磷酸化二淀粉磷酸酯、丙二醇，可以使操作时不粘辊、不粘器壁，同时，皮子之间不粘连、不破裂等。只要这些添加剂都是在国家允许限量内，对人体都不会有损害，因此要正确认识食品添加剂，并对食品添加剂引发的食品安全事件区别对待。

第三节　食用油

由于消费习惯的原因，食用油在我国是非常重要的日常消费品，是人们膳食中最重要的营养成分和能量的来源之一。油脂品质的优劣和食用方法的合理与否，对人们的营养乃至健康影响很大，油脂的质量安全问题则更是备受人们的关注。

一、油脂的营养与健康

膳食中油脂的主要功能之一是为人体提供热量。油脂中含碳量高达73％～76％，高于蛋白质和碳水化合物的含碳量。每克油脂产生的热量是蛋白质和碳水化合物的两倍，是饮食中热量的重要来源。同时，油脂在保护内脏、维持体温、维持人体正常新陈代谢方面起着重要作用。另外，油脂中还有许多微量有效成分，包括磷脂、维生素、甾醇及色素等，这些成分提高了食用油脂的营养价值。

1.油脂中脂肪酸的营养

油脂是多种脂肪酸甘三酯的混合物。根据油脂分子中是否含有双键以及双键的数量，脂肪酸可分为饱和脂肪酸和不饱和脂肪酸。其中饱和脂肪酸中的月桂酸、豆蔻酸、棕榈酸、花生酸以及二十碳以上的长碳链饱和脂肪酸等，过量摄入都会使人体血清胆固醇升高；而不饱和脂肪酸，如亚油酸、亚麻酸、花生四烯酸等，是人体无法合成而必须从体外摄入的脂肪酸。

2. 油脂中各种脂溶性维生素的营养

维生素E既是重要的营养物质，也是油脂中一种天然的抗氧化剂，可增加油脂的氧化稳定性，对延长油脂的保质期有着积极的作用，同时维生素E还有增强人体免疫力、维持心血管系统正常功能、保护神经系统、延缓衰老及抗癌等功能。小麦胚芽油、亚麻油、大豆油、花生油和菜子油中维生素E含量较高。油脂中还富含胡萝卜素，胡萝卜素又称维生素A源，在人体内转化为维生素A。维生素A既是重要的营养物质，也是油脂中一种天然的抗氧化剂，有抗氧化、提高免疫力、抑制癌细胞增殖等功能。沙棘子油、番茄子油和小麦胚芽油中胡萝卜素含量较高。

3. 油脂中的微量营养物质

磷脂是植物油脂中普遍含有的微量营养物质，其中大豆油中含量较高，为1%～3%。磷脂具有健脑、补脑、增智、保肝、护肝、防胆结石和骨质疏松、降胆固醇、降血脂以及防止动脉硬化等功能。油脂中还普遍含有甾醇，动物油脂中的甾醇主要为胆固醇，当体内脂质代谢发生异常或膳食胆固醇摄入量过多超过身体调节能力时，血液中的胆固醇浓度就会升高并逐渐在血管内壁上沉积而引起血管腔狭窄和心血管病。为此，对于动物油脂要控制摄入量。植物油中的甾醇是多种甾醇及甾醇酯的混合物，植物甾醇能有效降低血清胆固醇，还有抗癌、抗炎等功能，因此植物油脂中的甾醇对人体健康十分有益，其中大豆油和红花油中的总甾醇含量分别是0.29%和0.39%，稻米油中含量达4.1%。油脂中还有很多诸如角鲨烯、芝麻酚、芝麻素等营养物质，其中角鲨烯为三十碳六烯，它有补充细胞氧气、修复细胞、加快伤口愈合、美化肌肤、消除疲劳等作用；芝麻油中含有的芝麻酚、芝麻素能有效降低血清胆固醇、抗高血压、保护肝脏、抑制化学发癌剂诱发癌症等。

二、油脂生产加工中的质量安全

近年来，随着人们生活水平的不断提高，对食用油的需求呈现出多样化趋势，一方面是传统的花生油、调和油以及色拉油在一定程度上已经难以满足人们对营养、健康的需求，在确保营养的基础上，食用油发展更注重保健性、功能性；另一方面，产品的质量安全也越来越多地得到大家的关注，尤其是一些有关食用油安全事件的发生，更引发了人们对食用油质量安全的担忧。综合油脂的整个生产加工过程，也包括油脂原料的种植、收获、储存、运输等环节，每个环节中都有可能发生影响油脂质量安全的问题。

（一）原料本身的质量安全问题

油脂原料的质量安全可能来自油料作物的种植、收割、储藏、加工各个环节。

概括起来主要有：①油料种植中过量使用农药、杀虫剂等，致使有机氯、有机磷及菊酯类农药残留，同时产生有毒物质多氯联苯。②油料本身含有的天然毒素，如棉子油中的棉酚、椰子油中的苯并芘、菜子油中的恶唑烷硫酮，生产加工中如果处理技术不高，就会造成油脂中毒素残留。另外，一些脂肪酸，如菜子油中的芥酸、棉子油中的环丙烷酸也是食用油面临的安全问题（尚存在争议）。③由于环境污染造成的油料重金属污染。在种植过程中，大气污染、环境污染使得土壤和水体中的重金属会在油料作物体内慢慢蓄积，并进入到食用油中。④转基因油料的质量安全。转基因作物加工的食用油是否会对人体造成一定的危害，目前存在着一定的争议，但转基因食品的安全性已经让广大的消费者感到担忧。⑤原料储存中发生的质量安全问题。油料作物特别是花生、棉子等在生长、收获、储运过程中，受储存环境的影响，非常容易霉变，霉变易产生黄曲霉毒素，造成黄曲霉毒素污染，而霉花生或棉子制油时，10%～20%的黄曲霉毒素会进入毛油中，从而威胁到成品油脂的质量安全。

（二）油脂加工过程中的质量安全问题

在油脂加工过程中，也会有诸多因素影响油脂的质量。传统植物油提取工艺主要有压榨法和浸出法两种。压榨法就是借助机械外力的作用，将油脂从油料中挤压出来的取油方法，是一种物理提取方法。压榨法操作简单，生产设备维修方便，生产规模灵活，适合各种植物油的提取。浸出法是应用固液萃取的原理，选用某种能够溶解油脂的有机溶剂，经过对油料的接触、浸泡或喷淋，使油料中油脂被萃取出来的一种方法。浸出法具有出油率高、粕中残油率低、劳动强度低、生产效率高、油品质量较好的特点，而且容易实现大规模和自动化生产，但是生产中所用溶剂的安全性引起人们对油脂产品质量安全的担忧。

油脂经过压榨或浸提出油后得到原油（或者毛油），还需经过脱溶、脱胶、脱酸、脱色、脱臭及脱蜡等精炼工序处理，才能成为成品食用油，加工过程的各个环节都有可能会产生油脂的质量安全问题。

1. 溶剂残留所产生的质量安全问题

油脂浸出技术是先进和科学的生产加工技术，然而溶剂残留产生的质量安全问题不容忽视。目前，我国植物油脂浸出用溶剂大部分为6号溶剂油，其中约74%为正己烷成分。浸出原油通过精炼，在脱臭工段经过高温、高真空、水蒸气蒸馏后彻底脱除正己烷，全精炼油中应该不再残留，但近年来，也曾发生了几起原油中溶剂含量超标事件。正己烷对人体危害很大，会影响中枢神经系统及运动神经细胞作用，因此，尽量选用毒性较小、安全性高的溶剂也是食用油生产的必然趋势。

2. 原油精炼加工中的质量安全问题

原油生产结束后，还要经过深加工中的脱溶、脱胶、脱酸、脱色、脱臭及脱蜡等多道工序，才能成为成品。精炼过程的每个环节中严格的工艺操作要求对保障油脂质量安全是非常必要的，但也存在由于工艺中不当的操作与控制影响产品质量的可能性。油脂精炼中如何去除有毒有害物质是非常关键的，但一些必要工艺条件也使得加工中可能产生有害物质，反式脂肪酸就是其中之一。油脂加工过程中脱臭是生产一、二级油的关键环节，在油脂脱臭操作中，通常需要在250℃以上高温保持2小时，在这一过程中，就有可能会产生一定数量的反式脂肪酸。有研究表明，反式脂肪酸的含量与脱臭操作的温度和时间有关，而且随温度的升高和时间的延长而增加，因此在脱臭工艺中有效地控制操作的温度和时间，并达到最好的脱臭效果是很关键的。

另外，加工助剂也可能带来一定的油脂安全隐患。油脂精炼中要使用磷酸或柠檬酸、氢氧化钠、活性白土及助滤剂硅藻土等，这些助剂中通常存在微量重金属如铅、镉、汞和砷等，正确操作的条件下，重金属元素在精炼食用油中残留量极微。但也有个别加工厂出于经济利益考虑，使用非食品级的加工助剂来进行油脂加工，油脂质量安全难以保障。

（三）油脂储存过程中的质量安全问题

油脂的储存过程中也容易发生质量安全问题，而其中关键的就是油脂氧化问题。温度、光线、空气、水分、催化剂和油脂的脂肪酸成分等都能引起油脂氧化酸败，油脂氧化酸败后产生大量的过氧化物。过氧化物能引起人体动脉粥状化和其他心脏病症状，对心血管有很大的损害作用。

（四）掺杂使假引起的油脂质量安全问题

目前食用油市场上仍有少数人为了谋求暴利，通过掺杂使假、以次充好，或者在油脂加工精炼过程中非法加入有毒有害添加物掩饰产品质量，严重地搅乱了食用油的市场秩序，也引发了人们对食用油安全的担忧。

就目前来看，主要的掺假方式有在高价植物油中掺入廉价植物油，如在芝麻油中掺入菜子油、棉子油、大豆油等，在菜子油中掺入棕榈油、棉子油等，在橄榄油中掺入榛子油等。另外，一些不法人员还将国家禁用的有毒物或过期变质油品掺入合格油中，如向食用油中掺入有毒或非食用的矿物油、桐油、大麻油等。人们深恶痛绝的地沟油则是将潲水油、煎炸废油、食品及相关企业产生的废弃油脂等回收加工后重新销售。根据《食品安全法》，我们国家对这种制假售假的行为坚决打击。因此，在选购食用油产品时一定要选择正规厂家生产的产品，同时认准产品名称、生产厂商、厂址等必要信息。

三、食用油中可能存在的危害

1. 黄曲霉毒素

1993年，黄曲霉毒素被世界卫生组织（WHO）的癌症研究机构划定为1类致癌物。人类健康受黄曲霉毒素的威胁主要是来源于人们食用被黄曲霉毒素污染的食物，如花生、玉米、大米、小麦、豆类、坚果类、肉类、乳及乳制品等均有可能受到黄曲霉毒素污染，其中以花生和玉米最易受到污染。家庭自制发酵食品也能检出黄曲霉毒素，尤其是高温高湿地区检出率更高。

一般认为黄曲霉毒素的毒性有三种临床特征：急性中毒、慢性中毒和致癌性。其中急性中毒之后身体的主要变化是肝脏受损，有急性肝炎、肝出血性坏死、肝细胞脂肪变性和胆管增生等症状，脾脏和胰脏也有轻度的病变；慢性中毒为长期摄入小剂量的黄曲霉毒素，其主要变化特征为肝脏出现慢性损伤，有肝实质细胞变性、肝硬化等症状，人体出现生长发育迟缓，体重减轻等系列症状；其致癌性很强，是目前所知致癌性最强的化学物质之一。

对于黄曲霉毒素污染的预防是比较困难的，其原因是真菌在食物或食品原料中的存在很普遍。国家卫生部门一方面需加强对食品企业加工生产的监督管理，禁止企业使用被严重污染的粮食进行食品加工生产，并制定相关的标准监督企业执行；另一方面需进行定期的监测，严格对食物中黄曲霉毒素的限量要求，重点加强对玉米、花生、花生油、花生仁制品、坚果和干果、大米、食用油（香油、菜子油、大豆油、葵花子油、胡麻油、茶油、麻油、玉米胚芽油、米糠油、棉子油）、其他粮食、发酵食品（酱油、醋、豆豉、腐乳）、淀粉类制品（糕点、饼干、面包、裱花蛋糕）、牛乳及其制品（消毒牛奶、新鲜生牛乳、全脂牛奶粉、淡炼乳、甜炼乳、奶油）等食品的监控。

2. 氧化物

油脂在储存过程中由于受温度、光线、空气、水分等的影响，极易发生氧化，产生油脂的酸败，这直接关系到油脂货架期。若要抑制或延缓油脂的氧化，就需在可能的情况下最大限度地降低上述因素对油脂的影响。据研究，氧化酸败后的油脂，无论是其过氧化物还是二次产物，对人体都是很有害的。油脂过氧化物能引起人体动脉粥状化和其他心脏病症状，而过氧化物中的自由基则能破坏人体中的DNA，导致癌症发病几率的增加。

3. 丙烯酰胺

2005年4月13日，我国卫生部发布公告，建议尽可能避免连续长时间或高温烹饪淀粉类食品，建议改变以油炸和高脂肪食品为主的饮食习惯，从而减少因摄入致癌物丙烯酰胺可能导致的健康危害。另据卫生部食品污染物监测网结果显示，高温加工的淀粉类食品中丙烯酰胺含量较高，其中薯类油炸食品（如油炸薯片和油炸薯条等）中平均含量高出谷类油炸食品4倍。我国居民食用油炸食品较多，暴露量较大，长期低剂量接触也有潜在危险。

研究表明，薯类食品生成丙烯酰胺的量与加工温度有很大的关系，温度在100℃以上时可生成丙烯酰胺，在170℃附近生成量最大，而在185℃以上生成量则开始减少，因此，日常生活中应尽量减少使用较高温度的油脂进行烹饪，以减少丙烯酰胺的生成。

4. 反式脂肪酸

植物奶油，也称做人造奶油或氢化油，其生成原理就是利用化学反应（氢化反应）将液态植物油改变为固态，由于固态植物油便于储存，保质期长，口感好，因此受到人们的欢迎。然而在氢化反应的过程中顺式不饱和脂肪酸转变成室温下更稳定的固态反式脂肪酸，而反式脂肪酸对人体健康并无益处，也不是人体所需要的营养素。研究表明，由于反式脂肪酸在人体里是完全不被接受的，很难被身体分解，也无法被代谢出去，所以会导致生理功能出现多重障碍。反式脂肪酸对心血管系统的不利影响是最大的，它导致心血管疾病的发病几率大大提高，此外，还会诱发肿瘤(乳腺癌等)、哮喘、糖尿病、过敏等疾病。

随着对反式脂肪酸的认识，人们已经越来越多地关注食品中是否含有反式脂肪酸，以减少反式脂肪酸对身体造成的危害。在购买食品时可以仔细查看，尽量避免选择食品包装上标注含有“氢化植物油”、“氢化脂肪”、“人造奶油”、“植物奶油”等的食品，同时尽量少食用或者不要长期食用牛奶糖果、奶茶、派、冰淇淋、植物牛油等反式脂肪酸含量高的食品。

第四节　有关粮油的重大安全事件举例

一、面粉越白越好吗

长久以来，人们的消费习惯认为面粉越白越好，也正是由于这种消费需求的存在，面粉生产企业通过各种方式改善面粉的色泽，提高面粉白度，来迎合消费需求。但真的是面粉越白越好吗？其实并不是这样的。

1.面粉增白剂——违禁物过氧化苯甲酰

长期以来，面粉加工企业都是通过添加面粉增白剂过氧化苯甲酰来改善面粉品质和色泽的，直到卫生部正式公告：自 2011 年 5 月 1 日起，禁止在面粉生产中添加过氧化苯甲酰、过氧化钙；食品添加剂生产企业不得生产、销售食品添加剂过氧化苯甲酰、过氧化钙；有关面粉(小麦粉)中允许添加过氧化苯甲酰、过氧化钙的食品标准废止。多年的研究表明，长期食用添加过氧化苯甲酰的面粉，将对人体产生一定的危害。

过氧化苯甲酰的增白机理是，在氧化过程中放出氧原子，通过破坏胡萝卜素、叶黄素等淡黄色素，使面粉等褪色增白。过氧化苯甲酰分解后生成的苯甲酸进入人体后，与甘氨酸化合成马尿酸从尿液中排出，不在机体内积蓄，但短期内过量食用势必对肝脏造成伤害，使人产生恶心、头晕、神经衰弱等中毒现象。

目前，过氧化苯甲酰在化工行业仍被广泛用做氧化剂，如用于石蜡的脱色，医药行业也将它作为角质溶解剂用于治疗痤疮的外用药，但严禁添加在面粉中，国家卫生部也将面粉中添加过氧化苯甲酰和过氧化钙作为违法活动严厉打击。

2.吊白块——违禁物甲醛次硫酸氢钠

吊白块，学名甲醛次硫酸氢钠，为无色半透明的晶体，易溶于水，性能稳定，高温下有极强的还原性，遇酸易分解，其水溶液在60℃以上就开始分解出有害物质，在120℃以上分解产生甲醛、二氧化碳和硫化氢气体。吊白块作为一种强还原剂，主要用于染织行业的工业漂白，不能用于食品加工中。但由于其价格便宜，一些不法分子在米粉、面粉中添加吊白块作为漂白剂，这种行为是国家法律明令禁止的。

吊白块的毒性主要来自于其分解物甲醛，甲醛进入人体后，破坏蛋白质、酶，引发肺水肿。同时，甲醛在体内可转变为甲醇，有弱麻醉作用，并对视神经有一定影响。甲醛急性中毒表现为打喷嚏、咳嗽、头晕、乏力、口黏膜糜烂、上腹部痛、呕吐等，严重的可出现呼吸困难等症状。

二、"染色"的馒头

2011年3月，中央电视台曝光了上海某食品企业生产的"玉米面"馒头，这些看起来淡黄诱人的馒头，却是靠着色剂"染色"生产出来的。同时生产过程中还出现了将老馒头贴上新生产日期、过期馒头回炉加工为新馒头，乱使用甜蜜素、柠檬黄和山梨酸钾等现象。"染色"馒头事件让人们对平日里最亲近的馒头也产生了畏惧心理。

1.染色馒头对人体的危害

按照《食品添加剂使用标准》(GB 2760-2011)要求，甜蜜素、柠檬黄、山梨酸钾均属于我国允许添加的食品添加剂，但其使用范围不包含馒头类的发酵面制品。这次事件属于典型的食品添加剂超范围使用。

甜蜜素的化学名称为环己基氨基磺酸钠，是食品生产中常用的甜味添加剂，其甜度是蔗糖的30～40倍。如果经常食用甜蜜素含量超标的饮料或其他食品，会对人体的肝脏和神经系统造成危害，特别是对代谢排毒能力较弱的老人、孕妇、小孩危害更明显。

柠檬黄又称酒石黄、酸性淡黄、肼黄。该色素具一般毒性和致泻性，如果长期或一次性大量食用含量超标的食品，可能会引起过敏、腹泻等症状，当摄入量过大、超过肝脏负荷时，会在体内蓄积，对肾脏、肝脏产生一定伤害。长期食用柠檬黄色素会导致儿童多动症，甚至智商降低。此外，柠檬黄还可诱发哮喘，其导致的过敏反应也十分著名。对柠檬黄的过敏症状通常包括焦虑、偏头痛、忧郁症、视觉模糊、哮喘、发痒、四肢无力、荨麻疹、有窒息感等。

山梨酸钾为无色至白色鳞片状结晶或结晶性粉末，无臭或稍有臭味。在空气中不稳定，能被氧化着色。它对人体有极微弱的毒性，但可以被人体的代谢系统吸收而迅速分解为二氧化碳和水，在体内无残留。但是长期摄入，可能成为身体的一种隐患。

2.如何辨认染色馒头

以玉米馒头为例，首先玉米是粗粮，玉米粉制作的食品，外观、手捏感觉均比较粗糙，吃在嘴里有些糙口，而市场上一些"玉米馒头"手感松软、细腻，吃起来感觉不到玉米的香味，而且颜色黄得不真实，这种“玉米馒头”极有可能由色素染成。此外专家建议，鉴别玉米面食是否掺入了色素，可取少量样品加水浸泡，被染色的玉米面食滤液一般呈黄色。

另外，为了避免购买到“铝超标”的馒头，要注意，添加了膨松剂含铝化合物的馒头从外观和手感上是能辨别出来的。如果馒头个头特别大，特别白，吃上去松软得像面包，就有可能是“铝超标”馒头，尽量不要购买。

三、大米也有毒

2000 年开始，掺有有害工业原料石蜡油的有毒大米，先后见于广东、吉林、甘肃、四川等地。所谓的毒米，主要是一些不法商贩将霉变、生虫的陈旧大米，通过简单去皮，漂白，并加入廉价的工业矿物油进行抛光，进而加工成的“优质大米”。

添加的工业矿物油为工业用品，而并非食用添加剂，是我国法律中明令禁止加入的非法物质。这种工业矿物油中含杂质多，存在一些危害健康的有毒物质，而霉变的大米中可能含有大量致癌物质——黄曲霉毒素，所以人们又把这些劣质大米称为“致癌大米”。黄曲霉毒素是由真菌产生的毒素，致癌性极强，可诱发肝癌、胃癌、肾癌、结肠癌和乳腺癌等，是我国肝癌发病的主要致病因素之一。

尽管“毒大米”、“致癌大米”经过了乔装打扮，但我们在购买过程中只要稍加注意，还是能够轻松辨认的。首先，购买时一定要认真查看大米外包装的厂名、厂址、生产日期，没有这些标志的产品尽量不要购买；其次，可以仔细查看大米，霉变大米加工后仍然有一股异常的霉变味，掺入矿物油的大米拿在手中有油腻感，放入水中可觉察到有油珠浮出水面。

四、令人深恶痛绝的地沟油

“一口大锅隐于树林之中，各种餐厨垃圾散落一地，沾满油渍的铁桶排列成排，苍蝇横飞。铁锅中有些东西冒着气泡，几百米外都能闻到恶臭的气味。”令人难以置信的是，就是这种铁锅中炼出的油经过数道工序之后，便会堂而皇之地搬上餐桌，成为人们深恶痛绝的“地沟油”。

经过近两个月的侦查，2011 年 7 月，浙江、山东警方抓获 9 名犯罪嫌疑人，查扣地沟油 694 吨，在粮油市场抓获 5 名犯罪嫌疑人，当场查获假冒品牌地沟油 100 余箱、油罐散装地沟油 30 余吨。

1. 什么是地沟油

地沟油是一个泛指概念，是对各类劣质油的通称，它分为三类，一是狭义的地沟油，即将下水道中的油腻漂浮物（地沟油）或者将宾馆、酒楼的剩饭、剩菜（通称泔水）经过简单加工而提炼出的油；二是将劣质猪肉、猪内脏、猪皮加工提炼后产出的油；三是用于油炸食品的油使用次数超过规定要求后，再被重复使用或往其中添加一些新油后重新使用的油。

2.地沟油的危害

随着我国第三产业的迅速发展，餐饮业规模日益扩大，据统计，我国每年消耗油脂约2200万吨，会产生约330万吨的废弃油脂。餐饮废水中排出的废弃油脂日益增多，而我国对废弃油脂的处理回收还缺乏完善的管理机制。随着近年来食用油价格的大幅上涨，也就逐渐出现废弃油脂的非法回收提炼加工的现象。废弃油脂经提炼加工后，感官指标同成品食用油相差无几，但是由于来源和加工方法不合法，其中有很多有毒有害成分，会严重危害人体健康。

(1)酸价和过氧化值超标

被不法分子打捞得到的粗地沟油一般含有灰白色油腻漂浮物及食物残渣，还会有地下生活污水、果蔬腐败物、生活垃圾等，这些残渣和微生物极易使油脂发生氧化和酸败。酸败后的油脂易产生哈喇味，感官性状发生变化，具有强烈的劣变气味。捞取收集地沟油后的简单加工，不能清除这些微生物，而油脂中本应含有的人体必需脂肪酸如亚油酸、亚麻酸遭到破坏。

另外，酸败油脂中所含的大量过氧化脂质进入人体后，极易袭击细胞膜和酶而引起一系列的连锁反应，并产生自由基等对人体有害的物质。地沟油中大量的过氧化物还能使低级羰基化合物产生聚合，形成黏稠的胶状聚合物，影响人体对油脂的消化吸收。

(2)重金属污染物含量超标

地沟油来自卫生状况十分恶劣的环境，极易在加工运输等过程中交叉污染，因此，地沟油中的重金属污染物铅(Pb)、砷(As)、汞(Hg)、镉(Cd)等远远超过国家标准中的限量要求。

重金属污染物并不会因加热、烹炒等人们常用的方法而减少，长期摄入这些人体不需要的元素，将导致人体中重金属残留过量，引起头痛、头晕、失眠、多梦、乏力、消化不良、消瘦、肝区不适、腹绞痛、贫血等症状，严重的会导致重金属中毒、中毒性肝病、中毒性肾病、多发性周围神经病等。

(3)黄曲霉毒素、苯并芘等有毒有害物质超标

由于玉米、花生、豆类等植物油原料中本身可能带有微量的黄曲霉毒素，在餐馆下水道、泔水等湿热环境中黄曲霉毒素迅速衍生，导致其含量严重超标。黄曲霉毒素的危害性在于对人及动物肝脏组织有破坏作用，长期低剂量摄入可导致肝脏、胃、肾、乳腺、卵巢、小肠等部位的肿瘤。

地沟油中还含有大量的苯并芘，苯并芘会对人的眼睛和皮肤产生刺激，并具有诱变作用、强致癌作用和畸胎形成作用，长期摄入会引起胃癌、皮肤癌、肺癌等疾病。苯并芘类物质在人体内的潜伏期可达10～15年，属于1级危险毒物。

3.地沟油的再利用

很多发达国家已能利用先进的科学技术，让地沟油完成华丽转身，其中一种应用就是炼制生物柴油。地沟油经过粗加工，分离出水和残渣后，加入酒精、硫酸等原

料，经过数小时的化学反应，就可以变成甲脂，即人们熟悉的生物柴油。

在目前石油价格高涨的国际背景下，世界各国生物柴油产业得到迅速发展，在我国，用高凝点废弃油脂生产生物柴油以及用野生树木种子生产生物柴油等方面已经具备系统创新的优势。地沟油加入反应罐后，通过微酸性催化剂技术，使得其醇解和酯化可同时进行，反应速度明显加快。另外，通过金属盐处理剂，解决了利用地沟油生产生物柴油残留酸值高的关键问题。这两项关键技术可以降低生物柴油的生产成本，使得生物柴油从实验室走进生产车间。

这种生物柴油的最大特点就是它与普通柴油的使用效果完全一样，而且有更好的环保性，柴油车使用后排放的尾气中不含二氧化硫，而且碳氢化合物和一氧化碳含量也大大降低。因此，用地沟油生产生物柴油的市场前景非常广阔。

☞知识链接

生活中如何识别地沟油

生活中一般通过看、闻、尝、听、问五个方法鉴别地沟油和劣质油。

一看。看透明度，纯净的植物油呈透明状，地沟油和劣质油在生产过程中由于混入了很多其他物质，透明度会下降；看色泽，纯净的油所带的颜色为油料中的天然色素，因此色泽均匀，地沟油和劣质油则有可能色泽不均匀；看沉淀物，如果油中含有杂质，那极有可能是地沟油或劣质油；看炒出来的菜，地沟油和劣质油经过反复加热，用其炒出来的菜总体上感觉比较黏，再次加热的时候吃起来口感很差，感觉很腻。

二闻。每种油都有各自独特的气味，可以在手掌上滴一两滴油，双手合拢摩擦，仔细闻其气味，有异味的油说明质量有问题，有臭味的很可能就是地沟油或劣质油。

三尝。用筷子取一滴油，仔细品尝其味道。口感带酸味的油是不合格产品，有焦苦味的油已发生酸败，有异味的油可能是地沟油或劣质油。

四听。取油层底部的一两滴油涂在易燃的纸片上，点燃并听其响声。燃烧正常无响声的可能是合格产品；燃烧不正常且发出“吱吱”声音的，水分超标，是不合格产品；燃烧时发出“噼叭”爆炸声的，表明油的含水量严重超标，而且有可能是掺假产品，不能购买。

五问。问商家的进货渠道，必要时索要进货发票或查看当地食品卫生监督部门抽样检测报告。

地沟油想要再次进入餐桌，必然要使用一些化学方法进行加工，可能会导致消费者在食用后胃肠道出现一定程度的不适，通常会感觉胃胀、不好消化，严重的可能会腹泻。如果就餐后有这样的感觉，除了菜品和自身的原因外，就应该考虑做菜用的油是否会有问题。

五、茶油中存在的致癌物质

2010 年 2 月，某知名品牌茶子油被检出致癌物苯并芘含量超标，其中最高含量超过国家标准规定限定值的 3 倍。致癌物质苯并芘由此进入人们的视线。

1. 苯并芘到底是什么物质

苯并芘是一类结构中含有 5 个苯环的多环芳烃物质，属于强致癌物。苯并花虽不直接表现出毒性，但在人体内经细胞微粒体中的混合功能氧化酶激活后具有致癌性，受其污染的食品对人体有致畸、致癌的慢性毒性。苯并芘在日常生活中并不罕见，沥青、汽车尾气、烟熏和油炸食品中均含有不同含量的苯并芘。

在已发现的 200 多种多环芳烃类物质中，苯并芘是最主要的环境和食品污染物之一，世界卫生组织国际癌症研究中心已将它列入 2A 类致癌物。我国国家食用油卫生标准中规定，食用植物油类产品中苯并芘的安全限量为不超过 10μg/kg。其他食品中苯并芘的限量也有严格规定：生活饮用水中为 0.01μg/L 以下，肉制品、粮食中为 5μg/kg 以下，熏烤食品中为 5μg/kg 以下。

2. 油脂中的苯并芘是如何产生的

由于环境污染，苯并芘普遍存在于土壤和大气中，因此茶油原料不能排除存在少量苯并芘的可能。该企业自身的调查显示，主要原因有两方面：一方面是由于种植农户为了提高出油率，可能对茶子反复烘烤、蒸炒，如操作温度控制不好，容易烧焦，会生成苯并芘并残留在茶子的外壳上，而压榨后就全部残留在茶饼中。在萃取茶饼中的残油时，残留的苯并芘也被萃取出来，通过高温又与溶剂油发生化学反应，最终导致浸出后毛茶油中苯并芘含量不断提高。

另一方面，油脂加工工艺中未能采取有效方法除去苯并芘。压榨法和浸出法是植物油提取的两种方法。压榨法是用物理压榨方式从油茶子中榨取山茶油，是一种传统的提取工艺；浸出法则是用食用级溶剂从油茶子中抽提出山茶油的一种方法，是目前国际上公认的最先进的提取工艺。浸出法加工工艺中，在萃取过程中存在苯物质与溶剂油发生高温化学反应现象，精炼去杂质的过程中溶剂残留率过高、白土（用于脱色）清理不彻底、脱臭温度控制不好、脱色用剂使用效果不好等，都可能导致最终油脂产品中苯并芘含量超标。

第三章　肉及肉制品的安全生产

第一节　肉及肉制品的生产概况

我们通常所说的“肉”是指各种动物被宰杀后所得可食部分的统称，包括肉尸、头、血、蹄和内脏部分。在食品加工中，将动物可食部分从形态学上分为肌肉组织、脂肪组织、结缔组织和骨骼组织。通过利用劳动力、机器、能量及科学技术，将原料肉转变成的半成品或可食用产品，称为肉制品。对原料肉进行转变的过程（如腌制、烟熏、蒸煮、冷冻、脱水）中湿产品的生产以及一些食品添加剂（如化学品和酶）的使用过程，则称为肉制品加工。

对肉进行加工处理的最初目的是基于抑制微生物污染的保藏，现在保藏仍然是肉制品加工的重要理念。除此之外，随着生活水平的提高、社会分工的细化及家庭消费观念的转变，肉制品不仅需要营养合理，而且更需要风味、口感、色泽诱人，还需要食用方便，品种多样化。

（一）肉及肉制品的营养和健康

肉及肉制品是由许多不同的营养成分组成的，其营养成分随动物种类、年龄、部位和肥瘦程度的不同而有显著的差异。

肉及肉制品含有丰富的蛋白质、脂肪、无机盐和维生素，是人类的高质量蛋白质的重要来源，含有人体必需的多种氨基酸，而且含量非常丰富，接近人体的需要。此外，肉中的胶原蛋白能促进人体皮肤细胞吸收和储存水分，有效地防止皮肤干裂，从而使皮肤显得丰满、充实而有光泽，并且还能延缓衰老。肥肉和荤油为高能量和高脂肪食物，但摄入过多会引起肥胖，是导致某些慢性病的危险因素。肉及肉制品中含有丰富的微量元素，是铁和磷的良好来源，尤其是畜禽类动物的血中含有丰富的铁，是补充铁的良好来源。此外肉及肉制品中还含有丰富的维生素，畜禽肉及内脏所含的B族维生素比较多，肝脏是维生素A、维生素B12等极丰富的来源。

长期以来，人们从肉及肉制品中摄取丰富的蛋白质、脂肪、无机盐及维生素，除补充身体所需的营养素之外，还以其色、味、香、形和质地刺激人们的饮食消费，在人们的日常生活中占据重要地位。

（二）肉及肉制品的安全问题

所谓肉及肉制品安全控制，是指肉食品中不应含有可能损害或威胁人体健康的因素，不应导致消费者急性或慢性毒害，或感染疾病，或产生危及消费者及其后代健康的隐患。

从目前看，我国肉及肉制品的安全问题主要有三方面：一是兽药残留，主要来源于饲养过程。有的养殖户为了达到防病治病的目的，盲目添加、超量使用兽药，若兽药残留于动物体内，通过食物链会对人体产生危害。二是加工过程中的化学品残留。部分肉制品加工经营者在加工贮藏过程中，为使肉制品鲜亮好看，非法过量使用添加剂等。三是在肉及肉制品里加入了其他有害工业原料，比如甲醛、牛肉膏、敌敌畏等。

其中滥用或非法使用兽药及违禁药品，使肉及肉制品中兽药残留超标，是近年来最大的肉食品安全问题，也是肉食品安全的源头问题，双汇的“瘦肉精”事件就是兽药残留问题的典型代表。近十年来，随着畜牧业规模化、商业化的发展，兽药及饲料添加剂在畜牧业生产中得到了广泛运用，它能降低动物死亡率，缩短动物饲养周期，促进产品产量增长和集约化养殖的发展。但由于不当或非法使用药物和添加剂，过量的毒物残留在动物体内，当人们食用了残留超标的肉食品后，毒物会在人体内蓄积，可能会产生过敏、畸形、癌症等不良后果，直接危害人体的健康。国家已制定了有关兽药及添加剂的标准和管理办法，规定了最大残留限量，还有待于全面、有效的落实。

随着经济的发展和生活水平的提高，人们日益关注食品安全这一问题，20 世纪 80 年代人们呼吁吃瘦肉，进入 21 世纪以来，人们开始呼吁吃放心肉。除了消费者对食品安全的关注外，政府也给予了极大关注，党的十五届五中全会明确提出“加快建立农产品市场信息、食品安全和质量标准体系”，第一次把“食品安全”写进了中央全会文件。“民以食为天，食以安为先”，这句古训已经成为当今人们对食品安全高度重视的至理名言，关注食品安全，对于切实维护人们的生命权益、实现人们的健康愿望、构建和谐社会至关重要。

第二节　正确认识和使用兽药

兽药是指用于预防、诊断、治疗畜禽等动物疾病，有目的地调节其生理机能并规定作用、用途、用法、用量的物质（含饲料药物添加剂）。习惯上，将用于畜禽疾病的药物称为兽药，但是，随着集约化生产的开展，一些化学的、生物的药用成分被开发成具有某些功效的动物保健品或饲料添加剂，也属于兽药的范畴。其主要用途为：防病治病，促进生长，提高生产性能，改善动物性食品品质等。根据目的和用途，可以简单把兽药分为如下种类：

(1) 杀体外寄生虫剂，主要用来杀灭苍蝇、壁虱和其他皮肤上的寄生虫。

(2) 抗菌剂，用来治疗和预防由细菌和真菌引起的疾病。抗菌剂一般有两种类型：抗生素和化学治疗剂，前者能够抑制微生物生长，后者用来杀死微生物。

(3) 驱肠虫剂，用来驱除蠕虫及吸虫。

(4) 同化剂，用来促进动物生长，包括激素和许多抗微生物制剂。

(5) 球虫抑制剂，用来治疗和预防动物肠道中的球虫寄生虫。

一、兽药残留的种类

动物使用兽药或饲料添加剂后，药物的原形及其代谢产物可蓄积或贮存于动物的细胞、组织、器官或可食性产品（如肉、蛋、奶）中，造成兽药在动物性食品中的残留，简称兽药残留。动物性食品兽药残留超标，不但会给消费者的健康带来危害，也会给畜产品的持续生产造成极大困难，阻碍畜牧业进一步发展。

目前，我国动物性食品里的兽药残留主要来源于以下方面：一是饲养过程中，有的养殖户为了达到防治疾病、减少动物死亡的目的，实行药物与日粮同步。二是饲料的长期使用或使用不当，造成畜禽产品药剂少量残留及耐药菌株的产生。人体长期摄入兽药残留限量的动物性食品后，药物不断在体内蓄积，当浓度达到一定量后，就会对人体产生毒性作用，如对肾脏的损害等。

由于动物性食品的兽药残留问题直接危害到消费者，所以受到极大关注。兽药残留的种类很多，按用途分类主要包括抗微生物类药物、抗寄生虫类药物、激素和其他促生长剂类药物等。

（一）抗微生物类药物

抗生素是指由细菌、放线菌、真菌等微生物经过培养而得到的产物，或用化学半合成方法制造的相同或类似的物质，在低浓度下对细菌、真菌、立克次氏体、病毒、支原体、衣原体等待异性微生物有抑制生长或杀灭作用。某些完全由化学合成的药物（如磺胺类物质）在低浓度下对待异性微生物也具有抑制生长或杀灭作用，称为合成抗菌药物或化学治疗药物。虽然合成抗菌药物本身不是抗生素，但由于其具有抗菌作用，被与抗生素同等看待，在此统称为抗微生物类药物。抗微生物类药物主要用于防治动物传染性疾病和改进动物生产性能。主要包括：

1. 磺胺类药物。磺胺类药物是一类具有广谱抗菌活性的化学合成药物。由于其疗效好，使用方便，因而在临床上得到广泛应用。临床上常用的磺胺类药物有磺胺嘧啶、磺胺二甲嘧啶、菌得清、新诺明等。用于全身感染的磺胺类药物（如磺胺嘧啶、磺胺二甲嘧啶等）主要通过口服、注射等方式进入动物体内，用于肠道感染的磺胺类药物主要以口服方式进入动物肠道内，用于局部感染的磺胺类药物主要在体表使用。因为该类药物费用低，用药方便且有效，使其在养殖场里的使用尤为普遍。它们能控制血液感染所导致的肺炎，可避免病猪在冬天几个月内严重的体重减轻。近年来，磺胺类药物在动物体内的残留现象很严重，如果人摄入超过药物残留超标的动物性食品，对人体可产生毒性作用，甚至引起超敏反应和造血系统的反应。

2. β-内酰胺类药物。青霉素、头孢霉素及它们的半合成衍生物属于这一类药物，由于这些药物的成分能破坏细菌的细胞壁，因此它能广泛地用于治疗细菌性感染（如乳腺炎），并且对繁殖最旺盛期的细菌作用最大。

3. 四环素。四环素是含有相关成分的一大类化合物的总称，是在青霉素和磺胺类药物之后被发现的。四环素是一类广谱抗菌药物，能用于畜禽、鱼类和人疾病的治疗，它对革兰氏阳性菌、革兰氏阴性菌和立克次氏体都有很好的抗菌作用。

4. 氨基糖苷类化合物。氨基糖苷类化合物是由氨基糖通过糖苷键连接的，它们具有相似的抗菌性，主要对革兰氏阴性菌起作用，通过干扰细菌细胞壁蛋白质的合成来达到抗菌的目的。该类药物最初用于人类，但现在广泛用于治疗动物疾病。

5. 大环内酯类药物。这组化合物的典型化学结构是连在碳水化合物中的内酯环，它们具有抗革兰氏阴性菌的活性，并且还具有抗支原体和螺旋体的作用。

（二）抗寄生虫类药物

在高密度集约化饲养中，畜禽的寄生虫对养殖业的危害较大，会造成严重的经济损失。抗寄生虫类药物是指能够杀灭或驱除动物体内、体外寄生虫的药物，包括驱虫剂和抗球虫剂等。

能够侵犯动物的寄生虫中数量最多的是体内寄生虫，由其导致的球虫病是造成养禽业损失最大的疾病之一。目前，公认的防治球虫病的最有效方法是对幼年动物在感染初期用抗球虫剂进行防治。有些抗生素有较强的抗球虫活性，其中药效最高的是聚醚类抗生素（包括莫能霉素、盐霉素、拉沙洛西钠、马杜霉素、甲基盐霉素等）。人工合成的抗球虫剂有氨丙啉、二甲硫胺、氯羟吡啶（克球酚）、尼卡巴嗪、二硝托胺、氯苯胍、常山酮、苄氧喹甲酯、磺胺喹噁啉、磺胺氯吡嗪、乙氧酰胺苯甲酯等几十种。

在养殖业中，驱虫剂的最主要用途是驱除蠕虫，特别是蛔虫、吸虫和绦虫等。驱虫剂的种类很多，最常用的包括越霉素 A 和潮霉素 B 两种抗生素，更多的是人工合成的化学品。常用的药物包括苯并咪唑类和吩噻嗪、哌嗪、咪唑并噻唑类等，这些化合物的毒性较大，只能作为发病时的治疗药短期使用，不能够长期加在饲料中作为药物添加剂使用。

抗寄生虫类药物如果合理使用，在畜禽屠宰前遵守规定的休药期，则屠宰后肉和内脏中的药物残留量就可以忽略不计。但如果长期使用，这些药物就会有残留，就有可能影响消费者的身体健康。欧洲曾经出现孕妇为了减少妊娠反应服用酞胺哌啶酮（反应停）而引起胎儿发生海豹畸形的情况。自从这一事件发生后，国际社会就密切关注该类药物的致畸性和致突变性。曾经在兽医临床上常用的广谱抗蛹虫药以及苯并咪唑和硝基呋喃类驱寄生虫剂，可持续地残留于动物的肝脏内并具有潜在的致畸性和致突变性。如 1974 年发现丁苯咪唑对绵羊有致畸作用，1975 年至 1982 年先后发现苯并咪唑、丙硫咪唑和苯硫苯胺酯有致畸作用。

（三）激素和其他促生长剂类药物

激素在动物的生长过程中起重要作用，它能提高动物的新陈代谢速度，从而使饲料利用率提高并促进动物生长。在欧洲，牛的养殖过程中曾经广泛使用天然的和人工合成的激素类促长剂，对未阉割过的公牛使用雌性激素不仅能减少它们的好斗倾向，还能提高其生长速度。在特定的饲养条件下，动物饲喂具有性激素类似活性的物质，可引起动物蛋白质的沉积，从而提高饲料转化率，增加瘦肉率，促生长幅度可以达到10%～40%。

促生长激素通常包括：(1)生长激素，由动物脑垂体分泌的蛋白质激素，主要通过促进蛋白质合成和脂肪分解来促进动物生长；(2)性激素，由动物性腺分泌的激素，包括雌性激素（如雌二醇、己烯雌酚、己烷雌酚、甲地孕酮、雌烯酮等）和雄性激素（如丙酸睾酮、氯睾酮等）；(3)甲状腺素、类甲状腺素及抗甲状腺素；(4)人工合成的蛋白质同化激素，可促进动物脑下垂体生长激素的分泌。

同抗生素一样，伴随着激素活性物质在畜禽生产中的使用种类和数量的不断增加，反对其使用的呼声也越来越高。动物性食品中的激素残留可能会危及消费者的健康，其中以性激素和甲状腺素类促生长激素对人类健康危害最大，而目前使用较多的也正是这两类激素。儿童食用含有性激素的食品会导致性早熟，另外激素通过食物链进入人体会产生一系列的其他健康效应（如导致内分泌失调、生长发育障碍、出生缺陷和生育缺陷等），给人体健康带来深远影响。由于己烯雌酚被国际病症研究中心判定为对人有致癌作用，激素残留问题更加引起人们的注意。

有关国际机构对食用动物使用促生长激素和抗生素尚无明确统一规定，不同国家有不同的规定。欧洲国家严格禁用促生长激素，美国则允许在正确掌握使用方法的前提下使用规定的品种。由于天然激素在动物体内可以代谢到本底水平，难以区分是否是外来添加的，也没有证据证明使用天然激素的畜禽生产的食品构成对人体的危害。因此，美国仍然有两类激素在畜牧业中使用：一类是生长激素，如牛生长激素和猪生长激素；另一类是天然激素，包括雌二醇、孕酮等。在美国允许使用的10多种激素药物中，只有碘化酪氨酸以饲料添加方式使用，其余均通过注射或皮下埋植方式使用。

另外，尚有一类人工合成的、具有同化作用的增强剂。如玉米赤霉醇等间羟基苯酸丙酯和克伦特罗（瘦肉精）等β受体激动剂，它们可以使动物组织发生重新分布，特别是令动物精瘦肉增加和脂肪减少。然而，这些物质作为药物有明确的适应证，如果在动物性食品中残留就有可能对机体造成损害。

除了激素类药物外，某些运动抑制剂和咔唑心安等肾上腺素阻断剂，也曾经被用作减少家畜、家禽的运动量，达到减低机体能量物质消耗、增加能量积累的目的。如在长途运输或应激条件下使用利血平这类制剂可以避免家畜体力过分消耗，防止家畜骚动和外伤，减低运输和应激损失。此外，使用此类制剂可以使产蛋鸡和肉鸡安全渡过高温季节,减低其能耗,从而达到增加产蛋率和催肥的作用。但是,这些药物在动物体内会积蓄,一旦被摄入人体,会对人体造成一定的损害。

二、兽药使用注意事项

(一) 正确诊断

任何药物合理应用的先决条件是正确的诊断。药物治疗的效果是对诊断正确与否的验证。只有正确诊断加上合理的用药,才能取得满意的疗效,因此在诊断动物疾病时,要做到正确诊断,对症下药,对不明原因的疾病,严禁滥用药物。

(二) 充分考虑药物的疗程及给药时间

使用任何药物都要有足够的疗程,疗程的长短取决于疾病的急缓,因为病原体在动物体内的生长、繁殖有一定的过程,有些病原体只能被暂时抑制,根本不能消灭,一旦停止用药,受抑制的病菌就会重新生长、繁殖,出现更严重的复发症状。一般情况下,在症状消失后即可停止用药,但在使用抗菌药治疗某些感染性疾病时,为了巩固疗效和避免产生抗药性,在症状消失后尚需继续使用一段时间,对某些慢性病需要长期用药。为了减少不良反应,需按程序规定用药。

另外,有些药物在适当的时间应用,可以提高药效,至于什么时候给药,则需要从药物性质和吸收、药物对胃的刺激、动物的耐受能力和药效发生作用的时间等方面考虑。例如易受胃酸影响的药物可以饲前喂服,对胃有刺激作用的药物,则宜饲后喂服,驱虫药应在空腹时喂服等。

(三) 注意药物的剂量

通常药物被机体吸收以后,在机体内达到有效浓度时才能发挥作用。剂量过小达不到有效浓度,病情得不到有效控制,且易产生耐药性;但剂量过大,超过一定浓度后疗效却不增加,不但造成药物浪费,反而对机体产生毒性。如磺胺类药物,首次应用要加大剂量,以后根据机体血中有效浓度的持续时间,合理安排用药次数、剂量及疗程。

还有些药物的剂量不同,药理作用也不同,如大黄片、硫酸钠、人工盐等药物,小剂量使用时有健胃作用,大剂量使用时则起缓泻的作用;又如亚甲蓝,小剂量使用能治疗家畜亚硝酸盐中毒,大剂量使用则能治疗氢氰酸中毒。因此,要根据具体情况,合理掌握药物的剂量。

(四) 及时轮换药物,防止产生耐药性

耐药性包括两方面含义:一方面是病原体产生耐药性,另一方面是动物机体产生耐药性。某些药物在连续反复给药后,病原体、动物机体会对药物的反应下降,产生耐药性,这就要求根据动物病情进展情况及时更换药物。为了防止动物机体产生耐药性,在使用兽药时应遵循以下原则:严格用药,做到用量充足,疗程适当;单一抗菌药物有效时不采用联合用药;避免滥用药物,病因不明切勿轻易用抗生素;尽量减少长期用药。

综上所述，在兽药的使用过程中，不但要熟悉各种药物的药理、药性、适应症以及用法、剂量和使用中应注意的事项，而且用药时应遵循广谱高效、安全方便、经济实用、对人体无害的原则。

第三节　正确认识和使用肉制品添加剂

肉制品加工中使用的添加剂，根据其使用目的的不同大致可分为以下几种：调色剂、品质改良剂、增稠剂、抗氧化剂、防腐剂、酶制剂、发酵剂等。合理利用添加剂对改善肉品品质、提高得率、延长货架期和增加产品花色品种都有重要意义。

(一) 调色剂

肉制品的色泽是评判其质量好坏的一个重要因素，科学地使用调色剂不但能增强肉制品的感官性状，增进人们的食欲，而且能在一定程度上增加肉制品的营养价值。根据其发色机理不同，对肉制品色泽起作用的食品添加剂可分为三大类：发色剂、发色助剂和着色剂。

1. 发色剂

发色剂本身不具有颜色，但能使食品的色泽得到改善、加强和保护。

(1) 亚硝酸盐。在肉制品加工中，亚硝酸盐的应用已有几千年的历史了。亚硝酸盐在肉制品中首先通过微生物作用，在酸性介质中被还原成亚硝酸，亚硝酸不稳定，常温下分解成一氧化氮，一氧化氮很快与红色素蛋白反应生成亚硝基肌红蛋白和亚硝基血红蛋白，从而使肉制品呈现鲜红色。亚硝酸盐除了具有发色的功能外，还对细菌增殖有抑制效果，其中对肉毒梭状芽孢杆菌的抑制效果最为明显，此外还有改善肉制品风味的特殊功效。

但在20世纪50年代，科学家发现亚硝胺类物质是一类具有强烈致癌作用的物质，而亚硝酸盐是亚硝胺的前体物质，因此各国都严格限制了食品中亚硝酸盐的残留量，同时人们也在积极寻找亚硝酸盐的替代物。

(2) 硝酸盐。硝酸盐的使用在世界范围内也有着悠久的历史，在我国更为普遍，我国的许多名优传统肉制品都使用硝酸盐作为着色剂。亚硝酸盐使肉发色迅速，但呈色不稳定，适合于生产过程短又不需长期保藏的制品，对那些生产过程长或需要长期保藏的制品，最好使用硝酸盐腌制，而且硝酸盐毒性小于亚硝酸盐。

硝酸钠或硝酸钾易溶于水，稍有咸味，是常用的发色剂。硝酸盐本身对肉制品不产生影响，在肉中脱氮菌(或还原物质)的作用下，被还原成亚硝酸盐，这个分解过程很慢，并取决于细菌作用；然后亚硝酸盐再发挥作用，使肉制品呈现鲜红色。另外硝酸盐也有抑制细菌增殖和改善肉品风味的特殊功效，其中对肉毒梭状芽孢杆菌的抑制效果最为明显。

亚硝酸盐和硝酸盐的用量在我国是受严格控制的，2011 年我国颁布的《食品添加剂使用标准》(GB2760-2011)中对硝酸钠和亚硝酸钠的使用规定如下：使用范围：肉类罐头、火腿类、灌肠类、腌熏肉制品；最大使用量：硝酸钠 0.5g/kg，亚硝酸钠 0.15g/kg；最大残留量(以亚硝酸钠计)：肉类罐头不得超过 50mg/kg，肉制品不得超过 30mg/kg，西式火腿类不得超过 70mg/kg。因此在实际生产中，使用硝酸盐和亚硝酸盐时，要做到严格按照国家标准添加，再配以科学的检测手段和监测制度，一定要严格执行这些标准和制度。

虽然硝酸盐和亚硝酸盐的使用受到很大限制，但至今国内外仍在继续使用，原因之一是它们对保持肉制品的色、香、味有特殊的作用，迄今还没有理想的替代物，二是它们对肉毒梭状芽孢杆菌的抑制作用明显。但不少商家为了追求肉制品鲜艳长久的颜色，过量添加亚硝酸盐和硝酸盐，有些产品中亚硝酸盐的残留量超标十几甚至几十倍。大剂量的亚硝酸盐能够引起高铁血红蛋白症，导致组织缺氧，还可使血管扩张，血压降低。人体摄入 0.3g～0.5g 亚硝酸盐即可引起中毒，摄入 3g 可致死。亚硝酸盐可以转化为强致癌物质亚硝胺，据研究，食道癌的发病率与摄入的亚硝酸盐量呈正相关。

2. 发色助剂

肉发色过程中亚硝酸盐被还原生成一氧化氮，但是一氧化氮的生成量与肉的还原性有很大关系，为了使之达到理想的还原状态，常使用发色助剂。

(1) 抗坏血酸即维生素 C，具有很强的还原作用，但是对热和重金属极不稳定，它与亚硝酸盐有高度的亲和力，能在机体内防止亚硝化作用，从而几乎能完全抑制亚硝基化合物的生成。目前世界各国在生产肉制品时，非常重视抗坏血酸的使用，其最大使用量为 1g/kg，一般为 0.02%～0.05%。

(2) 异抗坏血酸是抗坏血酸的异构体，共性质与抗坏血酸相似，也有助色和防止褪色的效果，其防止亚硝胺生成的效果也与抗坏血酸没有区别，我国也已经批准使用。

(3) 烟酰胺也是一种维生素，它与抗坏血酸钠同时使用形成烟酰胺肌红蛋白，使肉呈红色，同时还有促进发色、防止褪色的作用。

3. 着色剂

着色剂又称色素，有人工合成色素和天然色素之分。

(1) 人工合成色素是化学合成的染料，一般是含有偶氮的杂环化学合成物质。而偶氮物质具有慢性毒性，对人体的神经系统、消化系统等均会造成不同程度的损伤，大量积累将产生严重危害，并能引起癌变，所以人工合成色素的添加量及添加范围均需加以严格控制。GB2760-2011《食品添加剂使用标准》中规定，肉品中可以添加色素诱惑红，添加量为肉灌肠≤0.015g/kg，西式火腿≤0.025g/kg，并强调人工合成色素胭脂红、日落黄、柠檬黄等不能用于肉干、肉脯制品等。

(2) 天然色素是从植物、微生物、动物中用物理方法提取的，是一类较为安全的色素，如在肉制品中添加的焦糖色素、红曲红色素、高粱红色素等。但是天然色素一般价格较高，稳定性稍差，但随着人们对食品健康和营养的关注，人工合成色素可能将被不断开发出来的天然色素所替代。

（二）品质改良剂

目前应用于肉制品加工过程中的品质改良剂主要是多聚磷酸盐。多聚磷酸盐在肉制品中主要起乳化作用，还有控制金属离子、控制颜色、控制微生物、调节 pH 作用，还能调整产品质地，改善风味，保持嫩度和提高成品率。多聚磷酸盐的种类很多，与肉制品加工有关的主要有三种：

1. 三聚磷酸钠为白色结晶或结晶性粉末，易溶于水，是肉制品加工中常用的保水剂之一，具有很强的黏着作用，还可防止肉制品变色、变质、分散，对脂肪也有很强的乳化性。添加三聚磷酸钠的肉制品，加热后水分流失少，成品形成完整、色泽好、肉质柔嫩，容易切片，切面有光泽，是目前应用最多的一种磷酸盐。

2. 焦磷酸钠又称焦磷酸四钠，为无色或白色结晶，溶于水，不溶于乙醇，有吸湿性，所以需要保存在密闭容器内，是肉制品加工中常用的保水剂之一，其最大使用量为 0.0025%，多与三聚磷酸钠混用。

3. 六偏磷酸钠又称格雷汉姆盐，为无色透明玻璃块状或片状，易溶于水，吸湿性大，在潮湿空气中会逐渐变成黏稠状液体，具有使蛋白质凝固作用和对金属离子螯合作用，分散作用很强。在肉类罐头中可使脂肪乳化，保持肉制品质地均匀，可提高持水性，防止肉中脂肪变质。

生产上使用的磷酸盐多为焦磷酸盐、六偏磷酸盐和三聚磷酸盐的复合盐。国家 GB2760-2011《食品添加剂使用标准》规定，肉类食品复合磷酸盐的限量为≤5g/kg。但很多企业为了增加出品率，过多使用磷酸盐，致使肉制品中磷含量超标。短时间内大量摄入磷酸盐可能会导致腹痛与腹泻，长期的影响主要在于导致机体的钙磷比失衡，出现如高血钙症、低血钙症以及佝偻病、骨质疏松等代谢性骨病。

（三）增稠剂

在肉制品加工过程中增稠剂是一类重要的添加剂，它不仅可以改善肉制品的结构、质地、保水性等功能，还可以降低生产成本。肉制品加工中常用的增稠剂为淀粉、大豆蛋白、明胶、卡拉胶、黄原胶、琼脂等。

1. 淀粉是肉制品加工中最常用的增稠剂之一，大体可以归为两大类：一类是谷物类淀粉，包括大米淀粉、小麦淀粉、玉米淀粉等；另一类是薯蓣类淀粉，包括马铃薯淀粉、甘薯淀粉等。淀粉在肉制品中的作用主要有：提高肉制品的粘接性，能够较好地对肉块及肉糜起粘接作用；增加肉制品的稳定性，对肉制品具有较好的赋形作用；使肉制品具有一定的弹性；使肉制品各种辅料均匀分布，不至于在加热过程中发生迁移而影响产品风味；具有吸油性和乳化性，可束缚脂肪在制作过程中的流动；缓解脂肪给肉制品带来的不良影响，改善外观和口感；淀粉在加热糊化过程中能吸收比自身体积大几十倍的水分，提高了肉制品持水性，使出品率大大提高，同时还提高了肉制品的嫩度和口感。

变性淀粉是由谷物和薯类生产的淀粉产品再进一步加工，改变性质，使其更适合于应用要求的淀粉，这种二次加工的淀粉产品种类很多，统称为变性淀粉。从广义上讲，凡是改变了天然的化学、物理性质的淀粉都可以称为变性淀粉。变性的方法有物理方法和化学方法两种，化学方法是主要的。通过化学反应使淀粉的化学结构发生变化，改变其性质，这种方法生产的变性淀粉又称为淀粉衍生物。

多年来，在肉制品加工中一直使用天然淀粉，但某些产品加工中，天然淀粉不能满足要求，用变性淀粉代替原淀粉，如在灌肠制品及西式火腿制品加工中应用，能收到满意的效果。变性淀粉的作用主要表现在其令肉制品耐热性、耐酸性、黏着性、成糊稳定性、成膜性、吸水性、凝胶性等诸方面的变化。变性淀粉可明显地改善肉制品、灌肠制品的组织结构、切片性、口感和多汁性，提高产品的质量和出品率。变性淀粉种类很多，目前普遍应用的有稀糊淀粉、糊精、酸变性淀粉、酯化淀粉、交联淀粉、阳离子淀粉等。

2. 大豆蛋白兼有容易同水结合的亲水基和容易同油脂结合的疏水基，因此具有很好的乳化性。肉制品加工中常用的大豆蛋白种类有粉末状大豆蛋白、纤维状大豆蛋白和粒状大豆蛋白三种。粉末状大豆蛋白有脱脂大豆粉、干燥豆乳、浓缩大豆蛋白、分离式大豆蛋白四种，纤维状大豆蛋白包括按化学法处理的纺纱型和按物理法处理的结构型两种。与粉末状大豆蛋白不同，纤维状及粒状大豆蛋白都具有强热变性的组织结构，具有保水性、保油性和肉粒感，其中纤维状大豆蛋白特别对防止烧煮收缩有很大效果，用在汉堡牛肉馅饼中效果很好。

3. 明胶是用动物的皮、骨、软骨、韧带、肌膜等富含胶原蛋白的组织，经部分水解后得到的高分子多肽聚合物。明胶的主要成分是：蛋白质约占 82%，水分占 16%以下，灰分占 2%以下。由于明胶含有除色氨酸以外的几乎全部 20 种人体必需氨基酸，并含有钙、锌、铜、磷等多种微量元素，且不含脂肪和胆固醇，所以，明胶作为一种动物性蛋白质可以作为食品工业用辅料。明胶在肉制品加工中的作用是，增加产品的营养，降低生产成本。明胶中的胶原蛋白具有胶体特性，加热至 70℃时溶解，冷却后又恢复冻状，因而对保证肉制品的弹性和持水性起到重要作用，还起到稳定、增稠、胶凝等作用。

食用明胶常被大量地应用于火腿等罐头加工中，如在制造原汁猪肉罐头时可用 1.7%的猪皮胶。在火腿罐头中添加明胶，可形成透明度良好的光滑表面，同时能增加肉制品的弹性。在火腿罐头装罐后，可在其表面撒明胶粉，一般添加量为每 500g 火腿罐头中添加 8g～10g 食用明胶。在使用明胶时应特别注意生产以及贮存过程中的卫生条件，严防污染。

4. 卡拉胶是由海藻中提取的一种多糖类化合物，很容易形成多糖凝胶，主要成分是半乳糖、脱水半乳糖，可保持自身重量10～20倍的水分。在肉馅中添加0.6%含量的卡拉胶时，即可使肉馅保水率从80%提高到88%以上。由于卡拉胶能与蛋白质结合，将其添加到肉制品中，在加热时表现出充分的凝胶化，可保持肉制品中水分，减少肉汁的流失，并且使肉制品具有良好的弹性和韧性。卡拉胶还具有很好的乳化效果，能稳定脂肪，表现出很低的离油值，从而提高肉制品的出品率。另外，卡拉胶还能抑制鲜味成分的溶出和挥发。

在肉制品生产中，一般是将卡拉胶加入盐水，借助盐水注射器和按摩加工，使它与盐水溶液共同进入肉组织中，一般推荐的使用量为成品重量的0.1%～0.6%。卡拉胶不仅能提高肉制品的产品得率，提高脂肪利用率，改善产品质量，提高产品的经济效益，而且还能降低肉制品水分活度值，延长产品货架期，提高产品商品性。

5.黄原胶是浅黄色或浅棕色的粉末，但是稍带臭味。黄原胶遇水易分散、乳化，变成稳定的亲水性黏稠胶体，具有较好的触流变性。黄原胶可以增加肉制品的持水性，提高肉制品的出品率，防止其在冷藏期淀粉返生，能延长产品的货架期。

对于方火腿、圆火腿等肉块制品，若一开始就加入黄原胶，其黏液层会影响腌制剂的渗透，一般在腌制完后添加预先配制好的黄原胶溶液，再加入其他的辅料，搅拌均匀后装罐或注入肠衣。对于午餐肉、红肠等肉糜制品，在斩拌肉时可以直接将预先配制好的黄原胶溶液倒入搅拌机，然后再加入淀粉之类的辅料。当用于肉馅和调味料的制备时，许多国家允许把黄原胶直接涂抹在肉制品的表面。

6.琼脂是从石花菜等海生红藻中提取出来的胶质经冻结、干燥而成的一种多糖类物质。琼脂按一定的比例配合加入水中，经过熬化、冷却后可形成晶莹透明、有弹性、口感嫩滑的胶冻。由于琼脂有很好的保水性，被广泛应用于红烧类、清蒸类、豉油类罐头以及火腿罐头等真空包装类肉制品中，但它几乎是没有营养价值的，需适量加入。

（四）抗氧化剂

无论是中式肉制品还是西式肉制品，在一定的保存期内，都会发生氧化现象，其最主要的感观特征表现为食品褪色或褐变。肉制品的氧化一直是困扰企业生产发展和消费者食用安全的难题，而在肉制品中合理添加抗氧化剂是非常必要和有效的解决方法。所谓抗氧化剂是阻止或延缓食品氧化、提高食品稳定性、延长食品贮存期的添加物质。肉制品中常用的抗氧化剂主要包括丁基羟基茴香醚、二丁基羟基甲苯、没食子酸丙酯、异抗坏血酸等。

1.丁基羟基茴香醚（简称BHA），油溶性，为白色或微黄色蜡样结晶粉末，有特异的酚类臭气和刺激性气味。BHA对热稳定，弱碱条件下不被破坏，遇铁离子不变色。0.005%的浓度可有效延缓猪油脂酸败期，0.01%的浓度可稳定生牛肉的色素和抑制脂类化合物氧化。BHA可防止各种干香肠的褪色和变质，用量一般应≤0.02%，过高效果反而下降。BHA同时具有较强的抗微生物作用，使用方便，但成本较高。

2.二丁基羟基甲苯（简称BHT），油溶性，为无色晶体或白色结晶粉末，无臭、无味，对热相当稳定，与金属离子反应不变色。BHT 具有较强的抗微生物和抗氧化效果，但抗微生物效果不及 BHA。在 37℃时，BHT 可有效地延缓猪肉血红色素氧化，在猪肉中加入 0.01%浓度的 BHT 可有效延缓酸败期，同时可用于鱼肉、鸡肉、熏肉和各种干肠。BHT 毒性较高，但价格较便宜。

3. 没食子酸丙酯（简称 PG），为白色或淡褐色结晶粉末或乳白色针状结晶，无臭，稍有苦味，PG 对热比较稳定，0.001%～0.01%浓度的 PG 对动物油的抗氧化作用很有效，且效果强于 BHA 和 BHT。PG 能保护新鲜牛肉色泽和抑制脂类化合物氧化，也可延长鸡肉的保存期。PG 与铁离子生成紫色络合物，可引起食品变色，所以总是与金属螯合剂配合使用，如柠檬酸、酒石酸、EDTA 等，这样使用既可增效，又可防食品变色。

4. 异抗坏血酸，水溶性，为白色或浅黄色结晶体，无异味，干燥状态下在空气中相当稳定，其抗氧化性能不及其钠盐，可防止肉制品、鱼制品的变质。肉制品中添加量为 0.5g/kg～0.8g/kg，其价格较低。

除了上述几种常用抗氧化剂外，还有一些天然抗氧化剂，如维生素 E、茶多酚、迷迭香提取物、肌肽等。

（五）防腐剂

肉制品营养丰富，具有较高的蛋白质含量，同时水分含量也较大，适宜微生物的生长繁殖，因此极易腐败变质，这给肉制品加工企业造成了巨大的损失。对此，肉制品加工企业多采用添加防腐剂的方法来抑制产品的腐败变质。到目前为止，我国《食品添加剂使用标准》中允许在肉制品中使用的防腐剂只有山梨酸及其盐、双乙酸钠、乳酸链球菌素、纳他霉素和单辛酸甘油酯等几类。过量摄入防腐剂会损害人体肾功能，对人体有致癌、致畸等危险。

1. 山梨酸在化学成分上与食物接近，它除了使用方便及经济效益合算之外，对抵抗很多微生物极为有效，而且不会影响其所防腐制品的香味及口味。山梨酸及其钾盐和钙盐已被批准在大量的食品中使用。

山梨酸钾较苯甲酸钠有明显的防腐抗菌效果，尤其具有很强的防霉作用。用山梨酸钾浸泡过的鲜猪肉和鲜鸡肉，可延长储存期，而且对其煮熟后的感官特征无不良影响。在腌熏肉制品中加入山梨酸钾，可减少亚硝酸钠的使用量，因此可以降低形成致癌物亚硝胺的潜在危险性，同时对肉制品的色泽和香味都无不利影响。干硬的香肠、烟熏的火腿和肉干以及类似的产品可用 5%～20% 的山梨酸钾溶液浸泡，以防霉菌的腐蚀，起到很好的防腐败作用。

2. 双乙酸钠是一种广谱、高效、无毒、不致癌的防腐剂，又可作为食品的调味料、营养剂。双乙酸钠用于牛肉保鲜时，保鲜浓度为 0.6%，喷淋 30 秒，可有效地抑制牛肉中细菌等微生物的生长繁殖，延长保鲜期。

3. 乳酸链球菌素是从乳酸链球菌发酵液中制备的一种物质，被命名为 Nisin，作为防腐剂广泛应用于食品工业中。Nisin 是一种无毒副作用、热稳定的小分子多肽，食用后在消化道内很快被蛋白酶水解为氨基酸，不影响肠道内的正常菌群，更不会与其他抗菌素出现交叉抗性，无微生物毒性或致病作用，其安全性很高，是唯一一种可作为防腐剂应用于食品的细菌素。

联合国粮食及农业组织/世界卫生组织（FAO/WAO）确认 Nisin 为安全、高效、可靠的食品防腐剂。我国卫生部签发的证明指出：可以科学地认定 Nisin 作为食品防腐剂是安全的，并允许使用。美国食品药物管理局（FAD）确定 Nisin 为公认安全食品并批准使用，欧盟也认定其为天然及安全的。

Nisin 很早就已在国外应用于肉制品中，在我国的应用较晚。将 Nisin 添加于红肠中可显著降低细菌总数，并延长产品保存期；在香肠中添加量为 0.3g/kg 时，绝大多数的革兰氏阳性菌受到抑制，而且产品色、香、味不受影响。在猪肉丝中添加 0.48g/kg 的 Nisin 可取代山梨酸钾作防腐剂，并能提高产品质量；在牛肉冷却肉的保鲜中添加 Nisin 可起到明显的抑菌作用，且保鲜效果随浓度的增加而增强。将 Nisin 添加于扒鸡生产中，可降低杀菌温度，使保质期达半年以上，并且使扒鸡的口感得到改善。将 Nisin 和乳酸钠联合加于西式火腿中，可有效延长保持期，并且会降低亚硝酸盐的含量。

由于 Nisin 是窄谱抗菌素，它只能杀死或抑制革兰氏阳性菌，对于革兰氏阴性菌、酵母和霉菌均无作用，所以单独使用未必有好的效果，通常和其他几种灭菌或抑菌剂联合使用。

4. 纳他霉素也称游链霉素，是一种重要的多烯类抗菌素。该抗菌素是一种很强的抗真菌试剂，能有效地抑制酵母菌和霉菌的生长，阻止丝状真菌中黄曲霉毒素的形成。与其他抗菌成分相比，纳他霉素对哺乳动物细胞的毒性极低，可以广泛应用于由真菌引起的腐败变质。除此之外，由于纳他霉素的溶解度低，可用其对食品表面进行处理以增加食品的保质期，却不影响食品的风味和口感。我国食品添加剂委员会于 1996 年对纳他霉素进行评价并建议批准使用，现已列入食品添加剂目录，其商品名称为霉克。

（六）酶制剂

酶是生物细胞原生质合成的具有高度催化活性的蛋白质，具有催化的高效性、专一性和作用条件温和等优点，因其来源于生物体，因此通常被称为生物催化剂。以从生物（包括动物、植物、微生物）中提取的具有生物催化能力的物质为主，辅以其他成分，用来加速食品加工过程和提高食品产品质量的制品，称为酶制剂。

酶制剂工业为食品工业开创了一条新的途径，不仅为食品色、香、味加分，而且提供了富有营养的新产品，为新时期食品工业的发展提供了新的增长点。用在肉制品加工中的酶制剂主要有转谷氨酰胺酶和蛋白酶。

1. 转谷氨酰胺酶可以改变蛋白质的凝胶性、持水性、塑性等性质，因此能够增加肉制品中蛋白质的黏结力，增强肉制品弹性，提高切片性能，提高产品嫩度，改进肉制品的质地结构，可以有效防止肉制品在加工中产生的皱缩现象。在火腿中添加0.2%

～0.5％含量的转谷氨酰胺酶制剂，即可达到明显改善产品品质的效果。转谷氨酰胺酶还可以对低价值的碎肉进行重组，改善其外观、结构、风味，提高其营养价值和利用率。

2. 蛋白酶的主要作用是促进肉制品嫩化。家畜被宰杀后，肌肉内所含蛋白酶类物质活力发生了变化，需添加蛋白酶作为人工嫩化剂。例如，可使用木瓜蛋白酶和菠萝蛋白酶嫩化牛肉等。

（七）发酵剂

发酵剂含有活的或休眠的微生物，能够在发酵基质中进行理想的新陈代谢活动。发酵剂的筛选和添加决定着发酵成品的特性，如果使用得当，发酵剂可以提高肉制品的卫生安全性、风味和感官质量，延长货架寿命。反之，则可能导致发酵过程的失败，并可能产生一些有毒物质。目前，发酵剂在肉制品中的应用已经越来越广泛。

常用的微生物发酵剂种类有细菌、酵母菌和霉菌。肉品通过微生物的发酵，肉中蛋白质分解为氨基酸，大大提高了其消化性，同时使人体必需氨基酸、维生素和双歧杆菌素增加，使肉制品营养性和保健性增强。微生物发酵分解蛋白质还能进一步形成大量香味成分，从而使产品具有特殊风味。

此外，肉制品中大量有益微生物的存在，可起到对致病菌和腐败菌的竞争性抑制作用，从而保证产品安全性，延长产品货架期。此外，微生物的生理活动有利于减少致癌物亚硝胺的生成，提高肉制品的安全性。

第四节　有关肉及肉制品的重大安全事件举例

我国的许多肉制品安全事件，都是由食品污染物引起的，所谓食品污染物是指食品中含有的或人为添加的对人体健康产生急性或慢性危害的物质。食品污染按其性质可分为两大类，分别是生物性污染和化学性污染。生物性污染指食品在生产、加工、包装、储藏、烹饪等环节中受到的寄生虫和微生物的污染；化学性污染指食品在上述各环节中受到有毒有害的化学物质的污染。

化学污染物主要通过以下几种途径进入肉制品中：一是肉制品中食品添加剂的人为过量添加，二是化学违禁品的使用，三是肉制品加工中产生的有毒有害化学品。

一、“健美猪”真相

1. 瘦肉精事件

2011 年 3 月 15 日，央视的“3・15”特别节目《“健美猪”真相》报道，河南孟州等地养猪场使用违禁动物药品“瘦肉精”饲养生猪，并且这批有毒猪肉流向了济源双汇食品有限公司。在双汇的连锁店中，“十八道检验、十八个放心”的字样随处可见，却没有对瘦肉精的检测。济源双汇食品有限公司采购部业务主管承认，他们厂的确在收购使用瘦肉精养殖的所谓“加精”猪，而且收购价格比普通猪还要贵一些。停喂瘦肉精一周后就不容易被查出来，因此，双汇公司未重视对瘦肉精的检测。

2. 什么是瘦肉精?

瘦肉精是一类动物用药的统称，它能够促进动物瘦肉生长、抑制脂肪生长。在中国通常所说的瘦肉精则是指克伦特罗，学名为盐酸克伦特罗，商品名称有克喘素、氨哮素，为白色或类白色的结晶粉末，无臭，味苦，熔点161℃，溶于水、乙醇，微溶于丙酮，不溶于乙醚。它曾经作为药物用于治疗支气管哮喘，后由于其副作用太大而遭禁用。类似药物还有沙丁胺醇和特布他林等，同样能起到“瘦肉”作用，也对人体有严重的安全隐患，也在全球遭到禁用。

1990年，西班牙首先报道了因使用克伦特罗饲养牛而导致食用牛肝发生中毒的案例，涉及43个家庭的成员；其后在法国也发生类似食物中毒事件。我国1998年在香港首次发现食用猪内脏引起的瘦肉精中毒事件，此后其他省市也接连不断地发生中毒事件。2001年11月，广东省河源市发生特大瘦肉精中毒事件，共484人中毒；2002年3月，苏州市26人食用猪内脏后中毒，经检测是瘦肉精所致；2003年10月，辽阳市62人因瘦肉精中毒；2004年3月，佛山市近百名群众食用肉食后中毒，罪魁祸首依然是瘦肉精；2006年9月，上海发生瘦肉精中毒事件，先后有300多人中毒。

3. 瘦肉精的危害

克伦特罗为一种人工合成的肾上腺素兴奋剂，具有扩张支气管的作用，曾用来防治哮喘、肺气肿等肺部疾病。当其应用剂量达到治疗量的5～10倍时，具有能量重分配作用，可使肌肉合成增加，脂肪沉积减少，因此俗称其为瘦肉精。一次性摄入大量瘦肉精，会出现急性中毒，长期使用可致染色体畸变，诱发恶性肿瘤。由于其毒副作用，被列为禁止使用的饲料添加剂。

克伦特罗化学性质较稳定，需加热到172℃时才开始分解，在油温260℃时破坏一半需要5分钟，普通的烹调加热方法不能将其破坏。其在胃肠道内吸收很快，人或动物食用后15～20分钟即起作用，2～3小时后在血浆内浓度达峰值，作用维持时间也比较持久。克伦特罗主要作用于心脏β2受体，可引起心率加速，特别是原来有心律失常的病人更易发生心脏反应，从而引起四肢、面颈部骨骼肌震颤；还可引起代谢紊乱，血乳酸、丙酮酸升高，可引起糖尿病人酮中毒或酸中毒。这些影响对高血压、心脏病、甲状腺亢进、青光眼、前列腺肥大等疾患危害更大，可能会加重病情，导致意外。

如何识别"健美猪"

识别方法

(1)看该猪肉的脂肪层,含瘦肉精的猪肉中肥肉与瘦肉的界限明显,脂肪层较薄,约1厘米,正常猪肉脂肪层较厚,有2～3厘米,且较紧实。如该猪肉在皮下就是瘦肉或仅有少量脂肪,则可能含有瘦肉精。

(2)喂过瘦肉精的猪的瘦肉特别鲜红,纤维比较疏松,瘦肉与脂肪间可能有黄色液体流出;而一般健康的猪瘦肉是淡红色,肉质弹性好,瘦肉与脂肪间没有任何液体流出。

(3)购买时一定看清该猪肉是否盖有检疫印章和检疫合格证明。

检测并不难

目前,国际上普遍使用的检测瘦肉精的方法主要是高效液相色谱法(HPLC)、气相色谱—质谱法(GC-MS)、毛细管区带电泳法(CE)和免疫分析技术(IA)。2001年,我国农业部组织制定了饲料中瘦肉精的测定标准,使用的是高效液相色谱法(HPLC)和气相色谱—质谱法(GC-MS)。

而在日常检测中,用试剂条检测生猪猪尿是目前最为普遍的检测方法,只需要十几分钟便可以出结果且结果准确,但是该方法只能针对活猪。

二、"世纪之毒"二噁英

1.二噁英事件

1999年3月,在比利时一些农场突然出现肉鸡生长异常、蛋鸡少下蛋的现象,一些养鸡户要求保险公司赔偿。保险公司也觉得蹊跷,于是请了一家研究机构化验鸡肉样品,结果发现鸡脂肪中的二噁英含量超出最高允许量的140倍,而且鸡蛋中的二噁英含量也已严重超标。这一"毒鸡事件"还牵连了猪肉、牛肉、牛奶等相关食品,一时间,一场食品安全危机在全比利时,甚至在全球上演。而这起事件的源头,就是鸡的饲料被二噁英严重污染。

2011年1月,德国多家农场传出动物饲料遭二噁英污染的事件,导致德国当局临时关闭了将近5000家农场,销毁约10万颗鸡蛋。这次污染事件发生的原因也是饲料遭到二噁英污染。对饲料厂样品进行的检测结果显示,其二噁英含量超过标准77倍之多。

2.什么是二噁英

二噁英,又称二氧杂芑,是一类无色无味、毒性很强的脂溶性物质。二噁英实际上是二噁英类化学物质的一个简称,它指的是结构和性质都很相似的包含众多同类物或异构体的一大类有机化合物。

二噁英包括约200种化合物,这类物质非常稳定,熔点较高,极难溶于水,可以溶于大部分有机溶剂，所以非常容易在生物体内积累。

3. 二噁英的危害

二噁英的毒性非常大，有“世纪之毒”之称，万分之一甚至亿分之一克的二噁英就会给人体健康带来严重的危害。二噁英除了具有致癌毒性以外，还具有生殖毒性和遗传毒性，直接危害子孙后代的健康和生活。二噁英在自然界中几乎不存在，只有通过化学合成才能产生，是目前人类创造的最可怕的化学物质之一，被称为“地球上毒性最强的毒物”。

三、毒火腿事件

浙江的金华火腿已经有约 1200 年的历史，被称为“世界火腿之冠”。它的美味是通过特别的选料和金华地区特殊的地理气候，再加上流传千年的腌制、加工方法生产出来的。金华市冬季温度一般在 0℃～10℃之间，是生产火腿的最佳季节，其他季节由于温度较高，火腿很容易变质。2003 年 11 月，有关媒体对金华一些不法厂家的火腿加工黑幕进行了曝光，一些不法商贩为了防止火腿变质，用敌敌畏浸泡火腿。毒火腿事件在社会上引起强烈反响。

敌敌畏作为一种毒性很强的有机磷农药，几乎能杀死所有昆虫，因此才被作为防腐剂使用。但其对人体健康会造成严重伤害，若人误服过量会当即死亡，误服少量会对消化道和胃黏膜有强烈刺激作用，可能引起胃出血或胃穿孔。

四、甲醛泡凤爪

一些人过于追求某些肉制品的口感和风味，令少数不法之徒想尽办法，甚至不惜在生产过程中添加有毒物质。据调查，市场上销售的凤爪、大肠、牛肚、黄喉等部分肉制品中含有甲醛等有毒物。

甲醛是一种无色、有强烈刺激性气味的气体，易溶于水、醇和醚。作为一种用途广泛、生产工艺简单、原料供应充足的大众化工产品，甲醛在合成树脂、表面活性剂、塑料、橡胶、皮革、造纸、染料、建筑材料等工业中被广泛应用。35%～40%的甲醛水溶液俗称福尔马林，具有防腐杀菌性能，可用来浸制生物标本、给种子消毒等。

甲醛具有使蛋白质变性的特点，用甲醛处理过的肉制品因蛋白质变性而使口感得到极大的改善，显得非常“筋道”。同时，甲醛又能与构成生物体（包括细菌）本身的蛋白质上的氨基发生反应，因此它具有防腐、杀菌、延长食品保质期的性能，因此被不法商贩利用。但是甲醛能缩短人体血液细胞的正常寿命，使红细胞发育异常，杀死血小板，造成人体贫血，降低人的免疫功能。人体长期摄入甲醛，会使骨髓造血功能受到抑制，引发白血病、骨髓瘤、淋巴瘤等血液病，因此甲醛是严禁在食品中添加的。

五、“夺命”鸡块

2010 年 4 月，家住北京市丰台区不满 2 岁的女童，在吃了母亲从市场买回来的油炸鸡块后，嘴唇发紫，口吐白沫，抢救无效死亡。经鉴定，鸡块内亚硝酸钠含量超标150倍。烹制鸡块的摊主已被控过失杀人罪，据他说，一般100斤肉放一小勺亚硝酸钠，“就是凭着感觉放，具体量不清楚”。

亚硝酸盐在食品添加剂中属毒性最强的一类，人中毒剂量为0.3g～0.5g，致死量为3g。因为硝酸盐在人体内也可被还原为亚硝酸盐，因此硝酸盐在食品中的使用剂量也有严格限制。亚硝酸盐与人体血液作用，形成高铁血红蛋白，从而使血液失去携氧功能，使人缺氧中毒，轻者头昏、心悸、呕吐、口唇青紫，重者神志不清、抽搐、呼吸急促，抢救不及时可危及生命。不仅如此，亚硝酸盐在人体内与仲胺类化合物作用形成亚硝胺，亚硝胺在人体内达到一定剂量时有致癌、致畸、致突变作用，可严重危害人体健康。

第四章　果蔬类食品的安全生产

水果和蔬菜是人们膳食中的重要组成部分，除了为人们提供重要的维生素和矿物质等营养素之外，它们之中所含的膳食纤维有促进肠蠕动、利于排便、减轻有毒物质对机体的损害等重要的生理功能。果蔬中含有苹果酸、柠檬酸、酒石酸、草酸等有机酸，表现出各种果蔬的独有风味。

果蔬食品与其他食品的不同之处在于它们大部分可以鲜食。新鲜的果蔬含水量丰富，有一定的营养物质，非常适合微生物的生长繁殖，这使得果蔬食品易于腐烂变质。有些果蔬中还含有天然的有毒有害物质，只有正确地处理这些物质，人们才可以放心食用。另外，果蔬的种植过程中少不了农药的使用，也使得果蔬食品的生产和加工技术尤为重要。

果蔬类食品的生产安全控制主要应注意：防止果蔬的腐败变质，防止致病菌及寄生虫污染，控制农药残留，控制有害化学物质污染。

第一节　果蔬类食品的生产概况

果蔬类食品的生产是农副产品生产的一个重要方向，亦是食品工业的重要组成部分。果蔬类食品的生产包括果蔬原料的选择和处理以及果蔬的罐藏、干制、制汁、糖制、速冻、腌制、果蔬的综合利用等诸多方面。

（一）果蔬罐藏

果蔬罐藏是果蔬加工的一种主要保藏方法。它的主要操作是将新鲜果蔬原料经过预处理后，装入能够密封的容器内，添加或不添加灌液，排气（抽气），密封，再经高温处理，杀死能引起食品腐败的微生物，同时破坏果蔬原料的生命活性（主要指酶活性），维持密封状态，防止微生物（水分、空气等）再次入侵，容器中的食品得以在室温下长期保存。

全球罐头年产量超过4000万吨，其中70％以上是果蔬罐头。食品罐藏在我国已有悠久的历史，但是罐头食品工业得到较迅速的发展却是在新中国成立以后，特别是改革开放以来，由于罐头厂的不断兴建和扩大生产，罐藏工业得到了迅速发展，果蔬罐头食品的产量、种类和质量也不断提高。

目前，我国果蔬罐头食品的产量超过250万吨，出口超过160万吨，其中蔬菜罐头120万吨，水果罐头40万吨。在果蔬罐藏生产中，高新技术不断被使用，如：低温连续杀菌技术和连续化去囊衣技术在酸性罐头（如橘子罐头）中得到了广泛应用，板栗小包装罐头产品生产中引进了电脑控制的新型杀菌技术，纯乳酸菌的接种技术使泡菜的传统生产工艺发生了变革。

（二）果蔬干制

果蔬干制是指利用自然条件或人工控制的方法除去果蔬中一定的水分，以抑制果蔬中微生物的生长繁殖、酶的活性和理化成分的变化，增强果蔬贮藏性能的保藏方法。干制主要包括自然干制（如风干、晒干等处理方法）和人工干制（如热风、真空、渗透、冷冻干燥等处理方法）。

自然干制也是我国长期广泛采用的干制法，例如葡萄干、红枣干、萝卜干、柿饼、干辣椒、干豆角等的生产。自然干制的特点是方法和设备简单，费用低，能在产地就地进行，但是这种方法费时长、效率低，还容易遭受灰尘、杂质、昆虫等的污染和鸟类、牲畜等动物的侵染。

自然干制是家庭自制果蔬的常用方法。企业的干制主要采用的是干燥和脱水的工艺，主要应用于脱水蔬菜的生产。作为蔬菜深加工产品的一种，脱水蔬菜具有新鲜蔬菜的色、香、味、质，还有便于贮藏等优点，使得近10多年来国内外市场上脱水蔬菜的需求量逐年增加，而我国的脱水蔬菜加工业也正是在这种需求持续大幅增长的促动下得到了迅猛的发展。尽管常压热风干燥是蔬菜脱水最常用的方法，但我国能打入国际市场的高档脱水蔬菜大都采用真空冻干技术生产。另外，微波干燥和远红外干燥技术也在少数企业中得到应用。

脱水蔬菜已经发展到以下三个领域：

①食品工业原料和配料市场，如食品添加剂和方便食品中的配菜等；

②调味品市场，如大蒜粉、辣椒粉等；

③作为新鲜蔬菜替代品的特殊市场，如地质勘探、部队野营训练、海岛和雪山等边防哨所、冬季旅游等特殊场合。

（三）果蔬制汁

果蔬汁是指从天然的果蔬中直接压榨或提取而得的汁液，人工加入其他成分的汁液则称为果蔬汁饮料或软饮料。果蔬汁与人工配制的果蔬汁饮料在成分和营养功效上截然不同，前者为营养丰富的保健食品，而后者纯属嗜好性饮料。

中国饮料工业协会提供的数据显示，我国是水果生产大国，水果年产量在9000万吨左右，约占世界水果总产量的15%，同时，我国已成为仅次于美国的世界第二大饮料生产国，其中，果蔬汁饮料保持每年超过100万吨的增长速度。但是，目前我国人均年果蔬汁消费量仅是西欧的1/40，不到美国的1/20。因此，我国果蔬制汁行业和饮料业都大有可为。

在果蔬制汁的加工过程中，高效榨汁技术、高温短时杀菌技术、无菌包装技术、酶液化与澄清技术、膜技术等高新技术得到了广泛应用。我国大中型企业中所使用的果蔬加工装备，如苹果浓缩汁和番茄酱的加工设备，基本上是从国外引进的最先进的设备。在直饮型果蔬汁的加工方面，中国的大企业集成了国际上最先进的技术装备，如从瑞士、德国、意大利等著名的专业设备生产商引进先进生产线，具备了国际先进水平。

但我国有不少果汁加工企业的自动化水平还很低，对设备的技术改造不到位，使得我国整体成品质量、档次和产能受到制约，而一些企业在引进先进设备的同时，却没有创建适合现代化生产的新的管理理念。另外，由于缺乏技术创新，我国果蔬汁行业还面临重金属含量超标、农药残留等问题，并已给行业带来非常不利的影响。这些因素给我国的果蔬汁行业带来了很大的压力和挑战。

（四）果蔬糖制

果蔬糖制是以天然果蔬为原料，与糖或其他辅料配合加工，利用高糖防腐保藏作用制成果蔬糖制品的加工方法，是我国古老的食品加工方法之一。甘蔗糖的发明和应用，大大促进了果蔬糖制加工的迅速发展，逐步形成品种繁多、风味独特的我国传统蜜饯行业，如苹果脯、海棠脯、蜜枣、橘饼、糖姜片以及凉果和果酱等，在国内外市场上享有很高的声誉。

近年来，我国果蔬产量逐年提高，产量相对过剩，这为果脯蜜饯加工提供了充足而廉价的原料。糖制品生产工艺比较简单，投资少，见效快，极适于广大果产区和山区就地取材、就地加工，获取最大经济效益和社会效益。

（五）果蔬速冻

速冻食品就是指将食品原料预处理后快速冻结，并在适宜低温下（－18℃～－20℃）进行贮存。20世纪以来，食品冷冻技术有了快速的发展。食品冻结的速度在加快，冻结食品的质量也在不断提高，使得食品的保藏发生了质的变化。最近几年，世界速冻食品的生产和消费不断增长，其年增长速度高达20%～30%，品种达3000多个，一些发达国家已形成从原料产地加工、销售、家庭食用的完整的冷藏链。速冻食品的工业化和社会化程度逐渐加大，速冻食品产业已取代罐头食品产业的垄断地位而跃居加工食品工业的首位。

尽管我国速冻食品的研发起步晚，却正赶上了世界范围内的产业局部调整，再加之我国经济的腾飞，近些年，我国的果蔬速冻工艺技术有了重大发展。首先是速冻果蔬的形式由整体的大包装转向经过加工鲜切处理后的小包装；其次是冻结方式开始广泛应用以空气为介质的吹风式冻结装置、管架冻结装置、可连续生产的冻结装置、流态化冻结装置等，使冻结的温度更加均匀，生产效率更高；再次是作为冷源的制冷装置也有新的突破，如利用液态氮、液态二氧化碳等直接喷洒冻结，使冻结的温度显著降低，冻结速度大幅度提高，速冻蔬菜的质量全面提升；而在速冻设备方面，我国已开发出螺旋式速冻机、流态化速冻机等设备，满足了国内速冻行业的部分需求。

（六）果蔬腌制

果蔬腌制就是将食盐和其他物质添加渗入到果蔬组织中，降低果蔬水分活度，提高结合水含量及渗透压，有选择地控制有益微生物的活动和发酵，抑制腐败菌的生长，从而防止果蔬变质、保持其食用品质的一种保藏方法。因为饮食的特点，大部分腌制工艺的原料是蔬菜，糖制工艺的原料是水果。

蔬菜腌制是人类对蔬菜进行加工保藏的一种古老的方法，历史悠久，在国内外都是一种广为普及的加工方法。蔬菜腌制的方法简单易行，成本低廉，产品风味多样，易于保存。如今，蔬菜腌制已从简单的保存手段转变为独特风味蔬菜产品的加工技术，且涌现出了一批具有一定规模的、现代化的加工企业。

（七）果蔬的综合利用

果蔬的综合利用是指对果蔬副产物的利用，如果油、香精、果皮渣、果籽以及膳食纤维等。在果蔬加工过程中，往往有大量废弃物产生，如风落果、不合格果以及大量的果皮、果核以及蔬菜的种子、叶、茎、花、根等下脚料。其实这些次级原料也蕴含了宝贵的财富，可进行综合利用，提取一些有益物质和成分，为食品、医药、化工、轻工等行业提供原辅料，变废为宝，如可作为生产香精油、果胶、天然食用色素、种子油的原料等。

无废弃开发已成为国际果蔬加工业新的热点，如巴西利用冷冻浓缩橙汁加工生产中的皮渣废料，开发了精油、萜烯、水相香精、油相香精和干渣产品，几乎是“吃干榨尽”，做到了生产过程零排放，不仅充分利用了原料资源，提高了产品的附加值，而且减少了皮渣对环境的污染。

果酒的生产是果蔬综合利用的一个方面。果酒是以果蔬的果实为主要原料制得的含醇饮料。与酒类相比较，它营养丰富，含有多种糖类、有机酸、芳香酯、维生素、氨基酸和矿物质等营养成分。随着生活水平的提高和人们对健康生活方式的倡导，酒类饮料由高度酒向低度酒转变，由粮食酒向果酒转变的发展趋势日益明朗。果酒生产最多的就是葡萄酒，2010 年世界葡萄酒总产量达到 260 亿升。

第二节 果蔬生产中原辅料的安全使用和常用添加剂

一、果蔬生产中原辅料的安全使用

1. 施肥的卫生要求

施肥应掌握以有机肥为主、其他肥料为辅，以多元复合肥为主、单元素肥料为辅，以施基肥为主、追肥为辅的原则。施用人或动物粪便等有机肥时，应先经过无害化处理，常用粪尿混合封存、堆肥、沼气发酵等方法，经发热或厌氧处理，使粪肥中的寄生虫和病源微生物指标达到国家标准后才能使用，应尽量限制化肥的施用，如确实需要施用化肥，必须在掌握果蔬生长规律的基础上合理施用。

2. 灌溉用水的卫生要求

灌溉用水对果蔬的卫生质量影响很大。如果用污水灌溉农田菜园，灌溉前必须进行处理，生活污水要经过沉淀，以减少寄生虫、细菌及悬浮物质；工业废水必须经净化处理，使其符合污水排放和农田用水的水质标准。为防止农作物被污水污染，灌溉方式以沟灌为好。

3. 安全使用农药

(1) 严格控制用药浓度

施用农药的药液浓度一定要适度。若超浓度、超用量施用，虽能致死病虫，但易产生药害，易造成人畜中毒；若用药浓度偏低，药量小，则效果差，病虫还会产生抗药性。

(2) 严格按安全间隔期用药

一般农药的残效期为 7～10 天。使用农药时要根据用药残效期的长短，来确定下次用药时间。不要在残效期内再次使用同一种农药，这样既增大成本，又增加药害概率，还易使病虫产生抗药性。对于将要收获的叶菜类蔬菜，如果估计田间残存病虫在蔬菜出售前不会成灾，可考虑不用药；如果能够成灾的，要选用残效期短的低残毒农药喷杀，并在残效期过后进行收获。

(3) 严禁使用剧毒、高残毒农药

使用剧毒、高残毒农药，虽然见效快，但使蔬菜体内残毒含量增加，食用不当极易造成人畜中毒，同时也可能会杀灭害虫的天敌，使虫害更加严重。因此，禁止在蔬菜，尤其是叶菜类蔬菜上使用剧毒和高残毒农药，提倡使用高效、低毒、低残留的农药和生物农药。在果树生长期禁止使用对硫磷、甲拌磷、久效磷、氧化乐果、甲基对硫磷、克百威、杀虫脒、福美胂等农药。

对允许使用的低毒农药，每种每年最多使用 2 次，最后 1 次施药距采收间隔期应在 20 天以上。对限制使用的中毒农药，每种每年最多使用 1 次，施药距采收间隔期应在 30 天以上。

二、果蔬生产中常用的食品添加剂

（一）果蔬罐藏中常用的食品添加剂

果蔬罐头的一般加工工艺为：原料的选择→原料的分级、清洗→去皮及整理→预煮、漂洗→分选→装罐→排气→密封→杀菌→商业无菌检查→包装。

在装罐的过程中，要对罐液进行配制，水果罐头的罐液一般是糖液，蔬菜罐头的罐液一般是盐水或只是清水。糖液中使用的甜味剂主要是蔗糖，纯度要求 99%以上，要求蔗糖色泽洁白，清洁干燥，不含杂质和有色物质。

1. 蔗糖

蔗糖是人类最常用的食品添加剂之一，已有几千年的历史。以蔗糖为主要成分的食糖根据纯度的由高到低又分为：冰糖、白砂糖、绵白糖和赤砂糖（也称红糖或黑糖），蔗糖的甜味给人以愉悦的感觉，而且它的甜味纯正、稳定，回味良好。蔗糖是一种天然有机物，人食用后分解的最终产物是二氧化碳和水。经过几百年人类的食用证明，蔗糖是安全的食品。

蔗糖具有渗透作用，能抑制有害微生物的生长，还可以对果酱、蔬菜起保藏作用，能延长食品的保藏期。蔗糖具有很好的水溶性，不同浓度的蔗糖溶液产生不同的黏度，可以为罐头提供令人满意的风味，并能保持其风味的稳定性。

2. 糖精

糖精也是古老的甜味剂之一，它于 1878 年被美国科学家发现，很快就被食品工业界和消费者接受。糖精的甜度为蔗糖的 300～500 倍，除了在味觉上引起甜的感觉外，对人体无任何营养价值。它不被人体代谢吸收，在各种食品生产过程中都很稳定，缺点是风味差，有后苦，这使其应用受到一定限制。

目前，糖精在食品中的应用有明显的超范围、超量现象，一些厂商为了降低成本，赚取暴利，在果酱、果脯等食品中使用糖精来代替蔗糖，但在食品标签上却不作任何明示，或冠以“蛋白糖”、“甜宝”等美名掩盖使用糖精的事实，损害了消费者的身体健康，严重侵犯了消费者的知情权，已引起社会各界和广大消费者的密切关注。当食用较多的糖精时，会影响人体肠胃消化酶的正常分泌，降低小肠的吸收能力，使食欲减退。特别是短时间内食用大量糖精，会引起血小板减少而造成急性大出血、多脏器损害等，引发恶性中毒事件。

（二）果蔬干制中常月的食品添加剂

果蔬干制的一般工艺为：原料选择→清洗→整理→护色处理→干燥→后处理→

包装。

在果蔬干制过程中经常会出现果蔬变色，变色通常是由酶褐变或非酶褐变，或者是色素物质受损引起的。在具体的加工过程中，应根据变色的原因对果蔬进行相应的护色处理。高温可以钝化酶活性，因此常通过干制前热烫或加化学抑制剂来抑制酶褐变和防止色素物质褪色。

护色剂是指用来增加产品色泽的非色素物质，也叫发色剂。我们针对各种色素褪色的原因，有目的地选用护色剂来保护食品的色泽。例如氯化亚锡、氢氧化钠与酸（如柠檬酸）反应所得的柠檬酸亚锡二钠盐具有一定的还原性能，它能逐渐与罐中的残留氧发生作用，表现出良好的抗氧化性能，从而达到对食品色素的保护作用，广泛用于果蔬罐头食品中。在有些天然食品与天然色素中，呈色物质体现为维生素类，但维生素 A、维生素 C、维生素 D、类胡萝卜素等易被氧化发生褐变，可利用 L-半胱氨酸盐酸盐防止果蔬变色。

在脱水过程中，一般当含水量降低至 15%～20%时褐变最快。硫处理对抑制非酶褐变有一定作用，制果干的护色处理多采用硫处理，包括熏硫和浸硫两种方法，但使用量受限制。脱水菜多采用漂烫处理，可以钝化酶活性，破坏原料细胞结构，有利于干燥，还有利于水分、糖、盐等的渗透，可排除原料组织中的空气，去除臭青味、苦味等不良风味，杀灭原料表面附着的大部分微生物和虫卵。

（三）果蔬制汁中常用的食品添加剂

果蔬制汁的一般工艺流程为：果蔬原料→清洗、拣选、分级→制汁→分离→杀菌→冷却→离心分离→酶法澄清→过滤→调和→脱气→杀菌→灌装。

果蔬汁制品中主要的原辅料有果蔬原料、甜味剂、酸度调节剂、防腐剂、色素、香精及品质改良剂。甜味剂可采用白砂糖、果葡糖浆或淀粉糖浆，也可选用甜味剂，如阿斯巴甜、甜蜜素或糖精等；山梨酸钾和苯甲酸钠是常用的防腐剂；品质改良剂依目的不同有抗氧化剂（如抗坏血酸、异抗坏血酸等）、稳定剂（如柠檬酸钠、聚合磷酸盐等）、增稠剂（如果胶、黄原胶、海藻酸钠及其系列产品等）。

果蔬汁制品的调配是最重要的生产过程之一，所以甜味剂和酸度调节剂的使用尤其重要。酸度调节剂是用来调整或保持汁液酸碱性的一种食品添加剂，可以是有机酸或无机酸、碱中和剂或缓冲剂。我国规定允许使用的酸度调节剂有柠檬酸、柠檬酸钾、乳酸、酒石酸等 17 种，其中柠檬酸应用最为广泛。盐酸、氢氧化钠属于强酸、强碱性物质，对人体具有腐蚀性，只能用作加工助剂，并且要在食品加工完成前予以中和。

（四）果蔬糖制中常用的食品添加剂

果蔬糖制品主要有果脯、果酱、蜜饯、果冻、果泥等，它们中最重要的添加剂就是甜味剂。通常所说的甜味剂是指糖醇类甜味剂、非糖类天然甜味剂和人工合成甜味剂三类。

糖醇类甜味剂多由人工合成，其甜度比蔗糖低，部分和蔗糖相当。目前应用较多的是木糖醇、山梨糖醇和麦芽糖醇。因为糖醇类甜味剂热值较低，而且和葡萄糖有不同的代谢过程，因而有某些特殊的用途。例如糖醇可通过非胰岛素机制进入果糖代谢途径，实验证明它不会引起血糖升高，所以是糖尿病人的理想甜味剂。

非糖类天然甜味剂和人工合成甜味剂一般甜度很高，用量极少，热值很小，有些又不参与代谢过程，常称为高甜度甜味剂、非营养性甜味剂或低热值甜味剂，是甜味剂的重要品种。非糖类天然甜味剂的主要产品有甜菊苷、甘草、甘草酸苷（如甘草酸二钠、甘草酸三钠）、竹芋甜素等，目前应用较多的是甘草酸苷和甜菊苷。前者如甘草酸二钠的甜度为蔗糖甜度的200倍，后者约为蔗糖的300倍，因其不被人体吸收，无热量，是适合于糖尿病、肥胖症患者的甜味剂。

人工合成甜味剂的主要产品有糖精、糖精钠、甜蜜素、阿斯巴甜、安赛蜜、三氯蔗糖等。人工合成甜味剂中使用最多的是糖精和糖精钠，其甜度约为蔗糖的300倍。人工合成甜味剂用量少，甜度高，价格低，被广泛用于现代食品生产企业，但对其用量和使用范围有严格规范。

（五）果蔬腌制中常用的食品添加剂

果蔬腌制需要添加各种辅料，以增进产品的色香味形，提高腌制的质量，同时延长产品保藏时间。所用辅料包括调味品、香辛料、防腐剂等，下文着重介绍防腐剂。

在果蔬腌制过程中最常用的防腐剂有苯甲酸钠、山梨酸钾、脱氢乙酸钠等。苯甲酸钠为白色颗粒或结晶状粉末，易溶于水和酒精。它在酸性环境中防腐作用强，对广范围的微生物有效，尤其是对霉菌和酵母菌作用很强，但对产酸菌作用较弱。其在酱菜中最大使用量为0.5g/kg。

山梨酸钾是较好的防腐剂，为无色至白色的鳞片状或粉末状结晶，对霉菌、酵母菌及好氧性细菌均有抑制作用，但对厌氧芽孢菌和嗜酸乳杆菌作用弱，其最大使用量为0.5g/kg。苯甲酸钠的毒性比山梨酸钾强，而且在相同的酸度值下抑菌效力仅为山梨酸钾的1/3，但因苯甲酸钠价格低廉，在我国仍普遍使用。

脱氢乙酸钠为白色或淡黄色结晶性粉末，无臭、无味，易溶于水，难溶于乙醇等有机物，是一种安全性高、抗菌范围广、抗菌能力强的抗菌剂，并且抗菌效力受食品中酸碱度的影响小，抗菌能力优于苯甲酸钠、山梨酸钾等，耐光、耐热性好。其在什锦酱菜中最大用量为0.8g/kg。

（六）果酒生产中常用的食品添加剂

果酒是以水果或野生果实为原料，经过破碎、榨汁、发酵或浸泡等工艺流程酿制、调配而成的低度饮料酒。果酒酿造的一般工艺流程为：鲜果→分选→破碎、除梗→果浆→分离取汁→澄清→清汁→发酵→倒桶→贮酒→过滤→冷处理→调配→过滤→成品。

在生产果酒的过程中，二氧化硫的作用有杀菌、澄清、抗氧化、增酸、使色素和单宁物质溶出、还原、使酒的风味变好等。使用二氧化硫有加入气体二氧化硫和固体亚硫酸盐两种途径，前者可用管道直接通入，后者则需溶于水后加入。发酵基质中二氧化硫浓度较高，为 60mg/L～100mg/L，所以二氧化硫很容易在果酒生产过程中残留下来。一般规定，酒液中的总二氧化硫含量不得超过 250mg/L，游离二氧化硫不得超过 20mg/L。

随着人们消费习惯的改变和对食品安全的重视，果酒的质量标准越来越严格。从 2008 年 1 月 1 日起，正式实施的葡萄酒新国标不但增加了对柠檬酸、铜、甲醇、防腐剂使用限量及净含量的要求，还规定所有葡萄酒中均不得添加合成的着色剂、甜味剂、香精、增稠剂。

第三节　有关果蔬食品的重大安全事件举例

一、海南“毒豇豆”和沈阳“毒豆芽”

（一）海南“毒豇豆”

2010 年 1 月，武汉市农业局在对市场上的蔬菜抽检中发现，来自海南省的 5 个豇豆样品水胺硫磷农药残留超标。武汉市依照有关法律法规立即对不合格豇豆予以销毁，并根据湖北省农产品市场准入的规定，决定即日起停止销售来自海南省的豇豆 3 个月。此后，上海、广东、重庆、江西等地也有类似情况反映。

水胺硫磷是一种广泛使用的硫代磷酰胺类杀虫、杀螨剂，对蛛形纲中的螨类、昆虫纲中的鳞翅目、同翅目昆虫具有很好的防治作用。水胺硫磷毒性很强，对皮肤有刺激作用，对高等动物急性口服毒性较高，经皮毒性中等。

（二）沈阳“毒豆芽”

2011 年 4 月 17 日，沈阳警方端掉一个黑豆芽加工点，据老板称，这种豆芽“旺季每天可售出 2000 斤”，毒豆芽大量流入市场，严重危害了人民群众的健康。据沈阳市农委法规处专家介绍，生产豆芽的过程中是不允许使用任何添加剂的，而该黑加工点使用了至少 4 种添加剂，其中尿素严重超标，恩诺沙星是一种兽用药，6-苄氨基嘌呤是一种激素。尿素和 6-苄氨基嘌呤可使豆芽长得又粗又长，而且可以缩短生产周期，增加发芽率，但是人食入后，会在体内产生亚硝酸盐，长期食用可致癌。

（三）农药残留对人体的危害

农药残留是农药施用后一个时期内没有被分解而残留于生物体、收获物、土壤、水体、大气中的微量农药原体、有毒代谢物、降解物和杂质的总称。当农药超过最大残留限量时，将对人畜产生不良影响或通过食物链对生态系统中的生物造成毒害。

目前，我国已制定了多种农药在农副产品中的多项农药最高残留限量的国家标准，其中部分有关果蔬中的农药残留最高限量标准如下：有机氯农药，滴滴涕≤0.1mg/kg，六六六≤0.2mg/kg；有机磷农药，乐果≤1mg/kg，敌敌畏≤0.2mg/kg，敌百虫≤0.1mg/kg，甲拌磷不得检出，对硫磷不得检出。

1. 在体内蓄积导致中毒

长期食用农药残留超标的农副产品，残留药物不断在体内蓄积，虽然不会导致急性中毒，但可能引起人和动物的慢性中毒，导致疾病的发生，甚至影响到下一代。

2. 引起过敏反应和变态反应

经常食用一些抗菌药物残留超标的食品能使易感人体出现过敏反应，这些药物包括青霉素、四环素、磺胺类药物及某些氨基糖苷类抗生素等。它们具有抗原性，刺激机体内抗体的形成，造成过敏反应，严重者可引起休克，短时间内出现血压下降、皮疹、喉头水肿、呼吸困难等严重症状。

3. 导致菌群失调

在正常条件下，人体肠道内的菌群与人体能相互适应，如某些菌群能抑制其他菌群的过度繁殖，某些菌群能合成维生素B族和维生素K以供机体使用。食用药物残留超标的食物会使这种平衡发生紊乱，造成一些非致病菌的死亡，使菌群的平衡失调，从而导致长期腹泻或引起维生素缺乏反应，造成对人体的危害。

4. 使细菌产生耐药性

细菌耐药性是指有些细菌菌株对通常能抑制其生长繁殖的某种浓度的抗菌药物产生耐受性，经常食用低剂量药物残留的食品可使人体内细菌产生耐药性。

5. 有致畸、致癌、致突变作用

某些有致畸、致癌、致突变作用的药物残留被摄入后，会在人体内蓄积，达到一定剂量后就会对人体和胚胎产生毒性作用。

二、福尔马林泡出的“毒血旺”

2011年3月17日，重庆市工商局执法队突击检查了市内几家血旺加工厂，在九龙坡区一家没有任何手续的加工厂内，查获2.5吨用福尔马林浸泡的血旺。由于福尔马林被世界卫生组织定性为让人致癌和致畸的物质，因此这种方式制作的血旺也被称为“毒血旺”。据悉，这些“毒血旺”主要销往重庆主城区各大农贸市场。

福尔马林是含量在35%～40%的甲醛水溶液的俗称。甲醛是一种无色、有强烈刺激性气味的气体，易溶于水、醇和醚。甲醛在常温下是气态，通常以水溶液形式出现。甲醛的防腐性能很强，五万分之一含量即可阻止细菌发育，欧洲各国曾用于酒类、肉类、牛乳及其制品的防腐，但人食后有胃痛、呕吐等反应，故国内外均已禁用。但在我国有些不法商贩仍将甲醛用于水发制品，应引起有关部门的重视。

甲醛对人体健康的危害主要有以下几个方面：①刺激作用。甲醛的主要危害表现为对皮肤黏膜的刺激作用，甲醛能与蛋白质结合，高浓度吸入时，会令人呼吸道严重刺激和水肿、眼刺激、头痛。②致敏作用。皮肤直接接触甲醛可引起过敏性皮炎、色斑、皮肤坏死，吸入高浓度甲醛时可诱发支气管哮喘。③致突变作用。高浓度甲醛还是一种基因毒性物质。实验动物在实验室高浓度吸入的情况下，可引起鼻咽肿瘤。孕妇长期吸入可能导致胎儿畸形，甚至死亡，男子长期吸入可导致精子畸形、死亡等。

三、被“染色”的花椒

2010 年 4 月底，重庆警方查获上万斤由致癌物罗丹明 B“染色”的毒花椒，与此同时，北京市场也发现有类似的染色花椒出售。这种花椒用水浸泡后褪色，明显区别于正常花椒。

罗丹明 B 俗称大红粉，呈红色粉末状，是一种具有鲜桃红色的人工合成染料。罗丹明 B 在溶液中有强烈的荧光，用做实验室中细胞荧光染色剂，也用于有色玻璃、特色烟花爆竹等行业。罗丹明 B 曾经用做食品添加剂，但后来实验证明会致癌，2008 年，我国已明确规定禁止将其用于食品行业。人体摄入罗丹明 B 后，会导致皮下组织生肉瘤，具有致癌和致突变性，因此需要严加监管。

四、被“膨大”的西瓜

1. 案例介绍

(1)2011 年 5 月，江苏镇江大吕村上百亩西瓜大棚里像布下了“地雷阵”，已结满瓜藤的大小西瓜还没有成熟就一个个炸裂开来，有的炸得四分五裂，有的炸得像一朵花。有专家指出，瓜农过量施用的“膨大剂”是造成爆瓜的原因。

膨大剂，化学名称叫细胞激素，属于激素类化学物质，对植物有助长作用，使用膨大剂后的果蔬味道变淡，吃起来口感不好，也不利于长时间储藏。有专家认为，膨大剂按规范使用是无毒害作用的，但是如果滥用或大剂量使用，会对人体的神经系统产生危害，能造成儿童脑炎、发育不良、痴呆等。

(2)2011 年 5 月，有销售黄瓜的小贩自曝，不少头顶黄花身上带刺的黄瓜，都是抹过激素和避孕药的，以此来保持黄花不败，并让黄瓜看着新鲜。此消息一经披露，引起人们哗然，这种黄瓜被称为“激素黄瓜”。

然而，这种顶花带刺的黄瓜真的是涂抹了避孕药的结果吗？西北农林科技大学教授在接受记者采访时表示，这种顶花带刺的黄瓜肯定是用植物激素处理过了，但不是避孕药。正常情况下，黄瓜成熟后，顶部的小黄花会自然枯萎、掉落，而使用了生长素类激素的黄瓜的成熟期会变短，成熟时顶部还留有鲜艳的黄花。

2. 什么是激素

动物激素是指动物的某些器官、组织或细胞所产生的一类微量但高效的调节代谢的化学物质；植物激素则是指植物细胞接受特定环境信号诱导产生的、低浓度时可调节植物生理反应的活性物质。激素在细胞分裂与伸长、组织与器官分化、开花与结实、成熟与衰老、休眠与萌发以及离体组织培养等方面，分别或相互协调地调控植物的生长、发育与分化。这种调节具有灵活性和多样性，可通过使用外源激素或人工合成植物生长调节激素的浓度与配比变化来实现。

3.激素药物的危害

激素药物对人体的害处：

①令人内分泌失调，导致身体发胖。

②可以引起骨质疏松，引发股骨头坏死。

③使身体的抵抗力下降，血糖升高，消化道溃疡，电解质紊乱等。

④影响小儿发育。

第五章 乳及乳制品的安全生产

第一节 乳及乳制品的生产概况

乳及乳制品营养丰富，容易消化吸收，是一种营养价值很高的食品，是老、幼、病、弱者的营养滋补品，特别是对儿童的生长发育具有重要意义。可以说，乳及乳制品是大自然赐予人类最理想的、最接近于人奶的天然食品，有“白色血液”、“人类保姆”、“完全食品”等美称。乳及乳制品已成为人们非常喜爱的日常食品之一，2010 年，世界年人均乳品消费量达到 89 千克，在一些发达国家，人均乳品消费量更是达到了 200 千克，而乳品工业的产值更是占食品工业产值的 10%以上。

然而，近年来我国乳品安全事件频频爆发，先有安徽阜阳劣质奶粉事件震惊全国，有 171 名婴儿因食用劣质奶粉出现营养不良综合征，其中因并发症死亡 13 人，随后发生的三聚氰胺毒奶粉事件，更加严重地伤害了消费者的信心，阻碍了乳品工业和畜牧业的健康发展，使乳制品的安全问题再次成为全球瞩目的焦点。

随着我国人民生活水平的不断提高，花样繁多的乳制品已逐渐成为人们的日常食品，乳及乳制品安全问题就成了制约我国乳业发展的瓶颈。

（一）乳及乳制品的营养

乳是哺乳动物分娩后由乳腺分泌的一种白色或微黄色的不透明液体。乳的成分十分复杂，含有上百种化学物质，其中蛋白质、脂肪、碳水化合物、矿物质、维生素都是人类赖以生存的营养素。

牛奶中约含 3.5%的蛋白质（人奶约含 1.25%），而且以酪蛋白为主，其次为乳白蛋白和乳球蛋白，消化率为 96.1%。牛奶中含脂肪 3.4%～3.8%（人奶约含 3.7%），微小的脂肪颗粒（直径 $2\mu m$～$5\mu m$）高度分散于奶中，故容易消化吸收，消化率达 97%。牛奶中的碳水化合物主要是乳糖，乳糖有调节胃酸、促进胃肠蠕动和消化腺分泌、助长肠中某些乳酸菌繁殖、抑制腐败菌生长的作用。牛奶中维生素的含量与奶牛食用的饲料有关，如夏天奶牛吃青草多，牛奶中维生素 A 含量较高。维生素 A 能防止皮肤干燥和老化，使皮肤、毛发具有光泽。牛奶中无机盐的含量为 0.7%～

0.75%，羊奶为0.9%，而且都特别富含钙、磷、钾。牛奶中钙与磷的比值为1.2∶1，接近人奶（人奶为1∶1），且消化吸收率高，故能保证婴儿对钙的需要。中国居民膳食中普遍缺钙，乳及乳制品是人们补钙的首选食物，很难用其他食物代替。此外，牛奶中还含有铜、锌、锰、碘等微量元素。

（二）影响乳及乳制品质量安全的主要因素

影响乳及乳制品质量安全的主要因素包括环境污染、兽药和饲料添加剂残留、有害微生物含量超标以及人为因素等。这些不安全因素贯穿于整个乳业生产消费之中，涉及从原料乳、加工过程、贮藏、运输、销售到消费者购买后至食用前的各个环节。其中奶源质量问题是困扰我国奶业发展的关键性问题，制约着我国乳品质量和档次的提升。

据统计，截至2010年6月，我国奶牛存栏已达1250多万头，同比增加4.3%，生乳产量1400多万吨，同比增长2.2%，这充分说明我国奶牛养殖业处于快速发展阶段。但是，这种快速增长的主要原因是农户散养队伍的迅速扩大。据统计，目前我国约70%的奶牛由农户饲养。以河北省为例，奶牛的总存栏数和产奶量均居全国第三，但是大部分奶牛养殖户集中在存栏20头以下规模。

由于散养户饲养水平较低，与规模化生产相比，在饲料营养、管理、疫病控制、挤奶、生奶储存、牛奶营养成分、生产水平等许多方面，都存在很大的差异。这些差异既会影响生产者的经济效益，也会影响原料奶的质量安全，进而影响整个奶业的健康发展。

长期以来，在我国的奶业产业链中，奶牛养殖和乳制品加工销售属于两个利益主体。奶牛养殖投资规模大，见效周期长，当我国奶业进入高速发展期，乳品企业为抢占市场需要大量的资金投入，忽视了对奶源基地建设的投资。在奶源组织上，企业主要面向市场收购，与奶牛养殖场签订协议，进行交易。而由于奶牛散养户产奶量少，乳品企业无法直接收购，从而产生了大量的生奶收购站。

据统计，2009年奶站清理整顿前，我国共有近3万个奶站，其中部分由乳品企业投资兴建，大部分是社会资金投资建立，主要以营利为目的。奶站作为奶源组织的中间环节，在乳制品需求迅速增加的情况下得到快速发展，奶源组织就形成了“奶农—奶站—乳企”的模式。但是，这种模式存在诸多弊端，企业与奶站、奶站与奶农之间基本上是一种简单的买卖关系，是不同的经济利益体，企业失去了对奶源质量安全的绝对控制权，掌握的是定价权和牛奶指标的检测权。

在大多企业实行按质论价的机制下，容易产生各种问题。例如，在乳制品销售淡季，存在企业压质压价的情况，缺乏客观公正性，而农户和奶站为获得正当的或更高的收益，就有可能出现掺杂使假的情况；在销售旺季，各乳品企业为争夺奶源，大打价格战，甚至降低收购标准，极易发生奶源的质量安全问题。当前，我国奶源质量安全问题主要有以下6个方面。

1. 抗生素残留

抗生素残留是指给动物使用抗生素药物后积蓄在动物细胞组织或器官内的药物原形、代谢产物和药物杂质。抗生素残留危害是国内外普遍关注的公共卫生问题，其对人类健康危害严重，对畜牧业生产影响巨大。造成抗生素残留的主要原因是不遵守休药期规定和滥用抗生素。

2. 有毒有害物残留

根据不同来源，有毒有害残留有如下几类：

(1)农药残留，如杀虫剂、除草剂，可通过饲料大量残留。

(2)毒素残留，饲喂受到霉菌浸染的变质饲料，不仅降低了其营养价值，而且产生的霉菌毒素可能导致畜禽急、慢性中毒并在畜禽产品中残留。

(3)重金属残留，由于环境污染或违规使用添加剂所造成，主要有汞、铅、砷等有害元素。

(4)激素残留，目前有多种激素广泛使用于畜牧业中，如雌二醇、催产素、黄体酮等均可引起残留。

3. 微生物污染

造成微生物污染的途径主要有两个：一是由于养殖场的饲养管理、挤奶、生奶贮藏运输等方法不当引起的原料奶中微生物感染。二是内源性污染，在牛奶挤出之前就受到了微生物的污染，如奶牛乳房炎导致微生物含量超标等。在原料奶中经常会发现的各种微生物有溶血性链球菌、病原性大肠菌、沙门氏菌、赤痢菌、肉毒杆菌等数十种，这些病原菌会影响消费者的健康。

4. 病原污染

由于奶牛养殖时的检疫、防疫措施不当，牛可能会感染人畜共患病，通过牛奶影响人类健康。这类病原主要有布鲁氏杆菌、结核杆菌、炭疽杆菌等。虽然每年都进行检疫并淘汰感染牛，但由于各种原因，病原感染情况依然存在。

5. 营养指标低

绝大多数奶农采用传统的饲养方式，日粮配方搭配不够合理，缺乏优质的粗饲料，营养水平难以满足奶牛的需要，从而导致牛奶中干物质、乳脂肪、乳蛋白等指标偏低，影响奶源质量。

6. 生产中掺杂使假

在市场监管不力的情况下，部分奶农或奶站为获得更高的收益，在奶牛饲养和原料奶销售的过程中，添加蛋白质和脂肪类物质，如三聚氰胺、豆浆和各类添加剂等；或为了销售变质奶，在原料奶中添加抗生素、小苏打等，导致奶源出现严重质量安全问题。

第二节　乳制品中容易发生的毒物残留

一、抗生素残留

（一）抗生素残留的原因

奶牛乳房炎是一种常见的、复杂的、造成奶业严重经济损失的疾病。目前全世界约有 2.2 亿头奶牛，其中约有 1/3 的奶牛患有各种类型的乳房炎，每年因乳房炎造成的经济损失高达 350 亿美元。尽管西方一些国家对此病已进行了多年的研究，但至今未能提出一个彻底解决的办法。我国对此病的研究始于 20 世纪 80 年代初，虽在多年的研究中取得了显著的成绩，但仍未彻底解决该难题。

奶牛乳房炎是最难防治的主要疾病之一，病因十分复杂，主要是病原微生物感染导致，诱发因素包括不规范的饲养管理和挤奶操作、恶劣环境和外伤等。奶牛乳房炎有隐性乳房炎和临床型乳房炎。隐性乳房炎没有明显的临床症状，但奶中的体细胞数严重超出标准，产奶量明显下降；而患临床型乳房炎的奶牛会出现发烧、食欲下降、乳房红肿、化脓感染甚至乳房坏死等症状，牛奶中则会出现絮状物、脓、血、病原菌等。

目前，治疗奶牛乳房炎的主要方法有抗菌素疗法、中药疗法和疫苗免疫法，其中抗菌素疗法应用最为普遍，常用的药物有青霉素、链霉素、土霉素、磺胺类药物、庆大霉素、小诺霉素、克林霉素等。由于乳房炎致病菌种类复杂，通常需将这些药物进行组合使用。

如果严格按照《无公害食品兽药使用准则》的用法与用量用药，执行兽药停药期、休药期规定，一般不会在动物体内产生药物残留，除非动物出现排泄机能障碍和代谢机能障碍，药物才会在体内较长时间滞留。按照行业规定，为了防止药物残留，用药后一般要有一天的休药期，这期间产的奶要求废弃，但是我国至今虽有法规，但没有严格的规范措施，无法绝对保证弃奶期的牛奶没有混入流通渠道。

药物残留量还与所用药物特性、投药量、投药途径及用药时间有密切的关系。为了尽快地治疗奶牛疾病，抗生素的使用剂量越来越大。过去治疗乳房炎一般一次用青霉素约几十万个单位，而现在用药量已增加到几百万个单位，如此大剂量的用药必然造成抗生素在牛奶中残留。在饲料中不按规定添加兽药，或非法添加禁止使用的化学物质和国家未经批准使用的兽药。另外，兽药内在质量不合格；使用者任意延长用药周期；兽药标签和说明书不规范，未注明主要成分，造成用药者不知情用药；对中药使用不当，忽视中药的毒性及残留，误认为中药是无毒无残留等，都是产生兽药残留的原因。

（二）抗生素残留的危害

1. 长期摄入抗生素残留超标的牛奶可造成蓄积性抗生素中毒。如长期摄入氨基糖苷类抗生素可导致肾毒性和耳毒性；长期摄入氯霉素可导致免疫毒性，免疫毒性尽管非常罕见，但对有些人却是致命的（如可引起再生障碍性贫血）。

2. 许多抗生素如青霉素、头孢菌素、四环素、磺胺类药物等均具有抗原性，可引起人的过敏反应。过敏体质的人如果饮用了含抗生素奶后便有可能出现过敏反应，轻者可引起荨麻疹、血压下降、呼吸困难等，严重的可导致休克甚至死亡。

3. 有少数抗生素具有致畸、致突变、致癌作用（简称“三致”作用）。一些具有潜在“三致”效应的抗生素有某些磺胺类药物（如磺胺二甲嘧啶）、硝基呋喃类药物（如呋喃唑酮、呋喃妥英）、抗真菌药（如灰黄霉素）、喹恶啉、卡巴多、喹乙醇、链霉素等。如果长期饮用残留有“三致”作用的抗生素的牛奶，将对人的健康产生严重的危害，特别是对幼儿和胎儿的影响巨大。

4. 消化道中存在的菌群对人类健康起着相当重要的作用。在正常情况下，人体肠道内存在大量的、种类繁多的寄生菌群，它们大多是非致病菌，少数是条件致病菌。一般说来，它们处于平衡状态，能与人体相互适应。如果人们长期食入含抗生素奶，体内敏感菌群将被杀灭或抑制，而耐药菌群却大量繁殖，从而打破原来的平衡状态，导致长期腹泻或营养不良，严重时还可造成耐药菌感染。

5. 对于经常饮用含抗生素奶的人而言，等于长期吸收低剂量的抗生素，一方面，可引起体内部分病原菌对多种抗生素逐渐产生耐药性；另一方面，牛奶中的耐药性细菌可能进入人体，然后将耐药因子转移给人体内的敏感菌，这种耐药性的接合转移现象已被证实。

6. 有些抗生素能抑制免疫活性细胞的生长，或使其易于被破坏，如氨苄青霉素、氯霉素、磺胺类药物等能抑制骨髓白细胞生成，导致白细胞减少，降低机体的细胞免疫功能。有些抗生素能抑制免疫系统的功能，如四环素能抑制血清中白细胞的趋化性，影响中性粒细胞的吞噬功能及淋巴细胞的增殖反应。长期摄入具有免疫抑制作用的抗生素，可能会导致本身免疫功能就不好的婴幼儿、肿瘤患者、器官移植患者、老年患者的免疫力进一步被削弱，从而使机体更易遭受病原微生物的感染，引起严重不良后果。

二、致癌物残留

国家质检总局于 2011 年 10 月对涉及 21 个省市 128 家企业生产的 200 种液体乳产品展开抽查，涉及蛋白质、酸度、铅、无机砷、总汞、铬、黄曲霉毒素、金黄色葡萄球菌、三聚氰胺等 18 个项目。抽查发现，两种知名品牌乳产品中黄曲霉毒素项目不符合标准，其中一种超标 80%，另一种超标 140%。

乳业专家称，牛奶中含有黄曲霉毒素，主要是因为奶牛食用了含有黄曲霉毒素的饲料所致。像玉米、稻谷、豆粕这些饲料放得久了就可能发霉产生这种毒素，所以行内一发现这种情况都会首先查饲料。如果奶牛是吃新鲜青草的话，牛奶中就比较少检出这种物质。黄曲霉毒素是一种致癌物，包括我国在内的很多国家都对牛奶和其制品中的黄曲霉毒素设下限量标准，并且是生产原材料样品和成品的必检项目。

黄曲霉毒素为已知的具有很强致癌性的物质，于1993年被世界卫生组织的癌症研究机构划定为1类致癌物。黄曲霉毒素的危害性在于对肝脏组织有破坏作用，严重时可导致肝癌甚至死亡。我国乳及乳制品中规定黄曲霉毒素限量为0.5μg/kg，粮食中10μg/kg。

第三节　乳品添加剂

乳品体系是一种复杂的胶体分散体系，分散介质是水，分散质有乳糖、无机盐类、蛋白质、脂肪等，是一种不稳定体系。乳制品既是高营养的，又是易腐败的极不稳定的物质。为了防变质和加工工艺的需要，往往要添加一些天然的或化学合成的食品添加剂。近几年来发生的三聚氰胺毒奶粉等事件使得老百姓对乳品添加剂存在一种恐惧心理，认为都是添加剂惹的祸，使乳品添加剂的使用问题成为社会舆论的焦点，其实这其中也存在一定的认识误区。下面主要介绍乳制品生产中常用的食品添加剂，要正确认识和使用它们。

一、乳品添加剂的种类

乳品添加剂在我国的广泛应用始于20世纪80年代。近年来，伴随着乳品产业的飞速发展，乳品添加剂的作用也越来越重要，添加剂行业也已成为与乳品工业紧密相关的产业。当今乳制品由享受型向餐桌型发展，市场需求多样化，产品细分化，人们需要多口味、耐贮存、全天然、食用方便的乳制品，这就必须通过使用添加剂来改造老产品，创造新产品，因此乳品添加剂的品种也越来越多。根据添加目的的不同，乳品添加剂可以分为以下几大类。

（一）防腐剂

防腐剂具有杀死微生物或抑制其生长、繁殖的作用，又叫抗微生物剂、杀菌剂，在乳及乳制品中主要使用的品种如下：

1.山梨酸

山梨酸为无色、单斜晶体或结晶性粉末，具有特殊气味，对光热均稳定，但在氧气中长时间放置易氧化着色，微溶于水。山梨酸钾是白色粉末，其抑菌效果为同质量山梨酸的74%。山梨酸是一种毒性较低的食品防腐剂，其毒性仅为苯甲酸的1/4，食盐的1/10。山梨酸的生理代谢作用和其他脂肪酸一样，通过水合、脱氢、氧化等作用最后生成二氧化碳和水，并释放出能量，因而山梨酸及其盐类是对人体无害的食品防腐剂。

山梨酸类物质的抑菌作用与乳品pH有关，随pH下降，抑菌作用加强。尽管在低pH范围其抑菌作用最强，但山梨酸类防腐剂在pH6.0左右仍有效，与其他防腐剂相比较高，如丙酸最高作用pH为5.0～5.5，苯甲酸为4.0～4.5。山梨酸类物质无毒害作用且抗菌很广，几乎在所有pH低于6.0的食品中都可使用，在乳制品中用量一般为0.05%～0.30%。

2.乳酸链球菌素

乳酸链球菌素是微生物天然防腐剂。它属于多肽类物质，食用后可被体内蛋白酶消化分解成氨基酸，无微生物毒性或致病作用，因此其安全性较高。乳酸链球菌素具有热稳定性，耐酸、耐低温储藏，对食品的色、香、味、口感等无不良影响；同时，它的使用可以降低食品的杀菌温度，减少热处理时间，从而保持食品原有价值和风味。乳酸链球菌素能抑制大部分革兰氏阳性菌及其芽孢的生长和繁殖，包括产芽孢杆菌、耐热腐败菌等，而对酵母苗和霉菌等无作用，还可和某些络合剂（如柠檬酸）等一起作用，可使部分细菌对之敏感，还可与化学防腐剂结合使用，从而减少化学防腐剂的用量，因此具有很好的应用前景。

乳及乳制品加工中一般采用巴氏消毒法进行消毒，由于杀菌温度较低，往往残留耐热性孢子，乳酸链球菌素具有很强的杀芽孢能力，可使牛奶等用较低的温度处理后久放而不变质。因此可以说，乳酸链球菌素是一种比较理想的乳品防腐剂。按照GB2760-2011规定，乳酸链球菌素在乳制品中最大使用量为0.5g/kg。

（二）抗氧化剂

由于乳及乳制品含有丰富的脂肪，所以往往需要添加适量的抗氧化剂，常用的抗氧化剂包括维生素C、维生素E、卵磷脂、柠檬酸、没食子酸丙酯、二丁基羟基甲苯、丁基羟基茴香醚等。

1.没食子酸丙酯

没食子酸丙酯为白色至浅黄褐色晶体粉末，或为白色针状结晶，微有苦味，水溶液无味，有吸湿性，对光不稳定。没食子酸丙酯的安全性很高，其对油脂的抗氧化能力很强，与增效剂复配使用时，抗氧化能力更强。没食子酸丙酯用做油脂和奶油的抗氧化剂时最大用量为0.1g/kg。

2.丁基羟基茴香醚

丁基羟基茴香醚为无色至浅黄色蜡样晶体粉末或结晶，稍有石油类臭气和刺激性气味，不溶于水，易溶于猪油和植物油等油脂。丁基羟基茴香醚具有较强的抗菌能力，用量0.015%时，可阻止寄生曲霉孢子的生长和阻碍黄曲霉毒素的生成。丁基羟基茴香醚与其他抗氧化剂或增效剂并用时，其抗氧化能力显著提高，广泛用于各种油脂、含脂肪食品和食品包装材料。丁基羟基茴香醚在脂肪和乳化脂肪制品中的最大使用量为0.2g/kg。

（三）乳化剂

乳化剂是一种分子中同时存在亲水基和亲油基的物质，它可介于油和水的中间，使一方很好地分散于另一方而形成稳定的乳化液。乳化剂在乳制品中的应用主要集中在奶油、冰淇淋和乳饮料的生产上。常用的乳化剂有蔗糖酯、甘油硬脂酸酯、酪蛋白酸钠等。

1. 蔗糖酯

蔗糖酯的乳化能力一般，其最大特点是对人体无害，为无毒、无味、无臭的物质，进入人体后经过消化转变为脂肪酸和蔗糖，均为营养物质。蔗糖酯可用于奶油、冰淇淋的生产，可提高冰淇淋起泡性，改善舌触感，增强稳定性，并能防止冰晶析出，抑制乳浆分离，用量为奶油中2%～5%，冰淇淋中0.1%～0.3%。

2. 甘油硬脂酸酯

甘油硬脂酸酯具有良好的乳化能力，一般公认其为安全物质。应用在冰淇淋、雪糕中能使各组分混合均匀，抑制油脂上浮，使成品口感细腻润滑，保形性好。在乳饮料中应用能使饮料乳化性能优良，分散均匀，耐热，耐酸，防止脂肪分离，保持口感细腻爽口。

3. 酪蛋白酸钠

酪蛋白酸钠是由牛乳中的酪蛋白和氢氧化钠反应而制得，呈白色至淡黄色粒状、粉末或片状，是优质乳化剂、稳定剂和蛋白质强化剂。酪蛋白酸钠有增稠、发泡、持泡等作用，在冰淇淋中添加量为0.2%～0.3%，能使冰淇淋中气泡稳定，防止返砂及收缩。

（四）增稠剂

增稠剂是一类能增加体系黏度和形成凝胶的物质，有时也称糊料、水溶胶、食用胶和亲水胶体，一般都是亲水性高分子化合物。乳制品中常用的增稠剂有明胶、卡拉胶、海藻酸钠、黄原胶等。

1. 明胶

明胶是动物的皮、骨、软骨、韧带、肌膜等所含的胶原蛋白经部分水解后得到的高分子多肽高聚物。明胶的化学组成中，蛋白质占82%以上，除缺乏色氨酸外，含有组成蛋白质的全部氨基酸。因而除用做增稠剂外，还可用以补充人体的胶原蛋白，而且明胶中不含脂肪和胆固醇，是良好的营养品。明胶可作为稳定剂用于冰淇淋、雪糕等的生产，其作用是防止形成粗粒的冰晶，保持口感细腻和降低溶化速度，在冰淇淋中的用量一般为0.25%～0.6%。明胶还可广泛应用于各种乳制品如酸奶、酸性稀奶、软质干酪、增香乳、低脂奶油等，具有抗乳清析出，使乳化稳定，使乳泡沫稳定三大功能。

2. 卡拉胶

卡拉胶为白色或浅黄色颗粒或粉末，无臭，无味，有的产品稍带海藻味，溶于80℃热水。卡拉胶的独特性质是可与酪蛋白作用形成均相的三维空间网状结构或凝胶，当其用量低至50 mg/kg时，仍可以稳定牛奶。在可可牛奶中，加入卡拉胶作悬浮剂和稳定剂，用量为0.025%，可以防止可可粉发生沉淀；在冰淇淋中，加入卡拉胶作稳定剂，用量为0.1%，能使脂肪和其他固体成分分布均匀，防止乳浆分离，防止冰晶在制造过程中与存放时增大，使冰淇淋组织细腻，结构良好，润滑适口，不易融化。

3. 海藻酸钠

海藻酸钠又称褐藻酸钠、海带胶，主要是从褐藻中提取的多糖类物质。海藻酸钠具有良好的稳定性，能使冰淇淋等冷饮食品产生平滑的外观和口感，而且在储藏中不会变粗糙。海藻酸钠对乳制品及乳饮料有稳定作用，能使牛乳食用时无黏感或僵硬感，但在搅拌时有黏性，并有迟滞感。海藻酸钠还可防止酸奶产品在消毒过程中黏度下降。在牛奶中加入0.2%～2%含量的海藻酸钠，其制成品在常温下放置30天风味不变。

4. 黄原胶

黄原胶又称汉生胶，是由黄单孢杆菌发酵产生的细胞外酸性杂多糖。黄原胶是性能较为优越的生物胶，具有独特的理化性质，集增稠、悬浮、分散、减阻、稳定等性能于一身，可广泛应用于食品、石油、医药等20多个行业，是目前世界上生产规模最大且用途极为广泛的微生物多糖。在乳制品中可作为乳化剂，用于各种乳饮料时能防止油水分层和提高蛋白质的稳定性，防止蛋白质沉淀。

（五）甜味剂

我国传统甜味剂市场仍以蔗糖为中心，蔗糖也是消费者比较容易接受的甜味剂。随着乳品市场的进一步细分，一些更加健康的新型甜味剂被应用到乳品加工中，对蔗糖市场形成一定的冲击。从市场发展来看，高档淀粉糖市场规模将会快速扩大，并将影响蔗糖的市场份额。

1. 营养型甜味剂

营养型甜味剂会逐步成为蔗糖的替代品，营养型甜味剂主要指葡萄糖、果葡糖浆、果糖、麦芽低聚糖等。结晶葡萄糖是淀粉的深加工产品，甜度是蔗糖的70%，它是一种清凉型的营养甜味剂，特别适合用于儿童、老年、柔弱和病体人群的食品，目前已被广泛应用在冰品、液态乳制品、配方奶粉中。

果葡糖浆是一种以果糖与葡萄糖为主体的复合型营养甜味剂，甜味接近于蜂蜜，因果糖含量的不同，甜度为蔗糖的90%～150%。目前果葡糖浆的应用领域已经拓展到乳品行业的酸奶、乳饮料、冰品的生产中；另外，果葡糖浆在甜奶粉、配方奶粉中也有很广泛的应用，它能够使奶粉具有良好的口感，充分释放奶粉的天然风味。

2. 功能型甜味剂

功能型甜味剂主要是指目前市场上广泛应用的低聚糖类甜味剂及糖醇类甜味

剂。低聚糖主要包括低聚异麦芽糖、低聚果糖、大豆低聚糖、低聚半乳糖、水苏糖等。由于低聚糖具有调整人体肠道微生态平衡、控制人体血糖等健康功能，得到乳品企业及消费者的认可，已经在奶粉、液体奶、酸奶、乳饮料等乳制品中得到广泛的应用。糖醇主要有麦芽糖醇、木糖醇、山梨醇、甘露醇以及赤藓糖醇。糖醇作为一类低能量甜味剂，具有保健牙齿、适合糖尿病人使用等特点，在食品行业的应用范围也在逐步扩大，已应用到糖果、饮料、乳品等中。

3.强力甜味剂

强力甜味剂从最初的糖精逐步发展到阿斯巴甜、AK 糖、三氯蔗糖（蔗糖素）、纽甜等高档甜味剂。其应用范围基本涵盖了食品加工的各个方面，而且甜味剂的应用档次在逐步地提高。三氯蔗糖和纽甜是高倍甜味剂市场上的佼佼者，由于其和蔗糖甜感非常接近，具有很大的市场发展潜力。但是高档甜味剂也存在一些应用方面的问题，如因甜度倍数太高，在生产过程中使用计量难以控制。如果能和部分糖醇类甜味剂复配使用，降低糖产品的甜度倍数，更加适合乳品企业使用。

（六）香精

食用香精是一种可影响食品口感和风味的特殊高倍浓缩添加剂，可弥补食品在制造过程中损失的自然风味。食用香精的优劣对产品的感观品质起着重要的作用，是食品的“灵魂”。虽然使用量一般很少，但它却决定着食品的风味，因此，食用香精是食品工业必不可少的食品添加剂。食用香精在食品添加剂中自成一体，有上万个品种。根据使用原料和调香手法的不同，食用香精可分为天然香精、人工合成香精、反应香精及天然等同香精等，目前世界上使用最多的仍然是人工合成香精和天然等同香精。

乳制品是人们获得优质蛋白的重要来源，但由于人们的爱好、口味不同，需要添加不同香型、不同风味的香精，从而使产品具有独特的风味。香精在乳制品中主要应用于酸乳酪、乳酸菌饮料和人造黄油，食用香精的适量添加能够使人们品尝到不同口味的乳制品。虽然食用香精在乳制品中的添加量很少，一般只有 0.03%～0.05%，但却能够对产品起到画龙点睛的作用，使产品的色香味达到最佳状态。奶香、柑橘味和果味香精是食用香精中的主流味。

（七）营养强化剂

食品营养强化剂是指为增强营养成分而加入食品中的天然或人工合成的营养素，属于食品添加剂。在我国，营养强化剂最早应用于婴幼儿食品，尤其在婴幼儿奶粉中使用最广，通常有氨基酸、维生素和矿物质三大类。近几年来，随着科研能力的提高和生产技术的进步，一些新型营养强化剂得到了广泛应用。

1.牛磺酸

牛磺酸化学名为 2-氨基已磺酸，为白色棒状结晶或结晶粉末。人体内若缺乏牛磺酸会影响到视力，也会影响心脏与脑的正常生长，因此常被添加到乳制品中。

2. 酪蛋白磷酸肽(CCP)

工业生产上以酪蛋白为原料,通过胰蛋白酶水解,分离生成CCP。CCP可防止无机钙的沉淀,促进小肠对钙的吸收。它在液态奶中的添加量常为100mg/100mL。

3. DHA(二十二碳六烯酸)和EPA(二十碳五烯酸)

DHA的主要生理功能为降低血脂、胆固醇和血压,预防心血管疾病,抑制血小板凝集,防止血栓形成与中风,增强记忆力。EPA的主要生理功能是在体内合成前列腺素、前列环素、血栓素等一系列生理活性物质,同时对大脑功能和视网膜等外周神经系统的功能也起着重要作用,还具有降血脂、降血糖和降低胆固醇的作用。

4. 低聚糖

低聚糖是指2～10个单糖构成的糖类,其分子量在300～2000。低聚糖的种类很多,常用的有低聚果糖、低聚半乳糖、低聚异麦芽糖、异构化乳糖、棉子糖、水苏糖等。低聚糖的主要功能是促进双歧杆菌的增殖,抑制病原菌,使人降低血压,防止便秘,增强免疫力。

5. 水溶性膳食纤维

水溶性膳食纤维是指不被人体消化吸收的多糖类碳水化合物和木质素,包括阿拉伯半乳聚糖、阿拉伯聚糖、半乳聚糖、阿拉伯木聚糖、木糖葡聚糖、糖蛋白、纤维素和木质素等。它能预防便秘和结肠癌,降低血清胆固醇,预防由冠状动脉硬化引起的心脏病,并可调节糖尿病人的血糖。

6. β-胡萝卜素

β-胡萝卜素是维生素前体,是联合国粮农组织和世界卫生组织食品添加剂联合专家委员会认定的有营养的优秀食品添加剂,世界上已有多个国家和地区批准使用。β-胡萝卜素可作为抗氧化剂,起清除人体有毒氧游离基的作用,并可提高免疫力,减轻致癌病变,还有助于心脏病的治疗。

7. 核苷酸

核苷酸存在于所有生物的细胞中,几乎在所有细胞的结构、代谢、能量和功能调节等方面起着重要作用。RNA的合成是蛋白质合成的基础,DNA的合成是细胞生长和分化的基础,因而核苷酸是支配生命从诞生到死亡的物质。根据食品添加剂使用卫生标准,核苷酸在婴幼儿配方奶粉中最大使用量为0.2g/kg～0.5g/kg(以核苷酸总量计)。

8. 乙二胺四乙酸铁钠(NaFe-EDTA)

乙二胺四乙酸铁钠属络合铁剂,对胃肠无刺激,吸收率较高,是传统铁营养强化剂吸收率的2～3倍,且口感好,无铁锈味。

9. 柠檬酸一苹果酸钙(CCM)

CCM是钙、柠檬酸和苹果酸按一定比例反应制得复合物的总称。其组成成分柠檬酸和苹果酸具有光学左旋结构,而且是体内三羧酸循环的中间代谢产物。CCM随柠檬酸和苹果酸在体内的氧化而缓慢释放出Ca^{2+}。CCM作为钙强化剂具有如下特点:高溶解性,高生物学吸收利用性,可减轻铁吸收障碍,并具有良好的风味。

(八) 酶制剂

在现代乳品生产中最常用、最重要的几种酶为乳糖酶、蛋白酶、脂肪酶、过氧化物酶等,这些酶还可协同使用。

1. 乳糖酶

乳糖酶可以分解乳糖,提高乳糖不耐症患者对乳制品的消化能力,提高和改善产品的口感、风味和营养价值。用乳糖酶水解乳制造酸乳时,可以缩短乳凝固的时间35%~40%,使乳酸菌生长快,菌数多,可延长酸乳的货架寿命;用于加工干酪时,不仅可以缩短乳酪的凝固时间,而且加工的乳酪凝固坚实,还可减少乳酪澄清时造成的损失,降低成本。

2. 蛋白酶

用固定化碱性蛋白酶酶解酪蛋白可生产酪蛋白磷酸肽(CPP),CPP可以促进钙的吸收,阻止钙盐结晶,从而提高钙离子在小肠下段的浓度,提高钙的吸收率。蛋白酶可以降解乳清蛋白,改变乳清蛋白的功能性质。水解的乳清蛋白热稳定性、乳化性和气泡性都得到显著的提高,而凝胶形成能力、乳化稳定性和泡沫稳定性会下降。水解乳清蛋白具有完全可溶性,可用于强化乳酸饮料和果汁饮料的蛋白质含量。

3. 脂肪酶

脂肪酶在乳制品行业的应用主要是在干酪生产中,可用于加速干酪的成熟。脂肪酶还可以增加奶油的风味,如将米曲霉脂肪酶加入到奶油中,可以产生干酪的特征香味。

4. 过氧化物酶

乳过氧化物酶体系包括三个组分:乳过氧化物酶、硫氰酸盐和过氧化氢,简称LP体系。LP体系可以钝化一些有活性、具同化作用的细菌酶,阻止细菌的新陈代谢作用及增殖能力,从而达到抑制或杀灭乳中细菌,延长生鲜牛乳保质期的目的。

(九) 发酵剂

发酵乳制品的制备由来已久,最初的方法是利用自然发酵使乳酸化凝固,其中起主要作用的就是乳酸菌,有时还有酵母和霉菌。它们使乳制品产生特有的风味与质构。发酵乳制品很多,首先是干酪,它是世界上种类最多的一类发酵乳制品,全球至少有1000种以上的不同干酪。其次是酸乳、酸酪乳和酸奶油,它们可能是世界上消费量最大的发酵乳制品。而含酒精乳饮料则主要是世界各地用接种自然发酵剂的方法制成的具有民族特色的发酵乳制品,如高加索地区的开菲尔(Kefir)、俄罗斯南部和西伯利亚的马奶酒(Kumiss)及丹麦的欧默(Ymer)等。

乳制品中的发酵剂可以分为固定发酵剂和非固定发酵剂两类。固定发酵剂由两种或两种以上的菌组成。由于使用标准化的发酵剂,在保证良好的卫生条件、严格操作控制的条件下都会对干酪的质量产生好的影响,所以工业化生产常使用固定发酵剂。非固定发酵剂就是一些从手工制作的乳制品中分离出来的乳酸菌混合物,利用这些菌株可以生产出多风味的发酵乳制品。通常会在使用固定发酵剂时添加限量的非固定发酵剂，来代替对抗菌素敏感的固定发酵剂，以降低操作中的风险。

二、乳品添加剂的应用和发展

（一）乳品添加剂的应用

目前，乳品添加剂主要用于奶粉、液态奶、酸奶、乳饮料、冰淇淋、干酪、奶油和炼乳等几大类乳制品中，并发挥着非常重要的作用。

1. 在奶粉中应用

乳品添加剂在奶粉中的应用主要是为了添加营养原料，达到强化营养的目的。常用的添加剂有各种维生素、微量元素、DHA、EPA、乳铁蛋白等。

2. 在液态奶中应用

一般来说纯奶是不需要添加添加剂的，但是可以添加一些营养强化、稳定乳体系、延长保质期的安全原料。如在牛奶中添加麦类、谷类、蛋类等营养强化物质时，需要添加复合乳化稳定剂，以延缓乳脂肪的上浮和蛋白质的沉淀，使乳状液达到平衡，使产品不分层，保质期延长。

3. 在酸奶中应用

酸奶是指以乳（全乳、部分脱脂乳、全脱脂乳、浓缩乳、还原乳、稀奶油）为原料，经均质（或不均质）、杀菌（或灭菌）后，加特定的微生物发酵剂而制成的带活菌的一大类产品。根据生产工艺和组织状态，酸奶可以分为凝固型酸奶和搅拌型酸奶。

酸奶中首先加入的食品添加剂有发酵剂，主要是乳酸菌，某些酸奶中也加有少量的酵母菌。搅拌型酸奶的生产工艺破坏了原有的牛奶组织结构，易造成出水（乳清），酸乳中的酪蛋白也极易沉淀，因此要靠增稠剂等物质来调整组织结构和口感，增加持水性，以解决产品在放置、贮存或运输中出水（乳清析出）的问题，从而延长产品的保质期。常用的增稠剂为明胶、果胶和琼脂，其添加量分别为 0.1%～0.5%。在酸奶生产中也常加入甜味剂，尤其是风味型、水果型酸奶，常加入蔗糖或葡萄糖。

4. 在乳饮料中应用

乳饮料是比较复杂的产品，类别较多，不同的产品对添加剂的要求各不相同。但是不管是哪一种产品，最终都要达到不分层、不沉淀、无上浮、口感清爽的目标。要达到这一目标，除一些生产工艺和原辅料因素之外，起决定性作用的是具有专一性的乳化稳定剂。最常使用的稳定剂是纯果胶或其与其他稳定剂的复合物，这是因为果胶对酪蛋白颗粒具有最佳的稳定性。

乳饮料常常离不开酸味剂、甜味剂和香精等。常用的酸味剂主要是无机酸和有机酸，无机酸是磷酸，而有机酸是柠檬酸、苹果酸、延胡索酸、乳酸等，用量最大的是柠檬酸。乳酸菌饮料中常添加的甜味剂是蔗糖，因为蔗糖能增加酪蛋白的稳定性。常用的香精是香草类、奶油类和水果类香精等。

5. 在冰淇淋中应用

冰淇淋是以饮用水、牛奶或奶粉、奶油(或植物油)、食糖为原料,加入适量的食品添加剂,经混合、灭菌、均质、老化、凝结、硬化等工艺生产的产品。从工艺可以看出,冰淇淋是由乳制品、甜味剂、稳定剂、香料等组成的混合物,添加剂是必不可少的原料,在生产中起主要作用。

甜味剂一般是蔗糖、淀粉糖浆、葡萄糖、果糖和糖精、甜蜜素、阿斯巴甜、安赛蜜、三氯蔗糖等。近年来随着添加剂产业的发展,给开发多种冰淇淋产品提供了便利条件:使用稳定剂后提高了产品的膨胀率、抗融性、保形性;乳化剂的使用使脂肪粒子细微化,分布均匀,提高了乳状液的稳定性,控制了粗大冰晶的产生,从而使产品口感更加细腻,品种更加丰富。稳定剂主要是卡拉胶、海藻酸钠、琼脂、瓜尔豆胶、黄原胶、果胶、魔芋胶等;乳化剂主要是单甘酯、蔗糖酯等,目前常用的是复合食品添加剂。

用于冰淇淋的香精主要有果蔬类、水果类香精,常用的色素有红曲、姜黄、焦糖、辣椒红、胭脂红、柠檬红、日落黄、亮蓝等色素。

6. 在干酪生产中应用

干酪是以牛乳、奶油、部分脱脂乳、酪乳或这些产品的混合物为原料,经凝乳并分离乳清而制成的新鲜或发酵成熟的乳制品。首先用到的添加剂为发酵剂、酶制剂,发酵剂主要是乳酸菌,有些还有酵母菌和霉菌,酶制剂主要是凝乳酶,但是可以添加蛋白酶、脂肪酶等促进干酪成熟。生产中使用的稳定剂大都应用于再制干酪和鲜干酪中,能促进干酪乳化,防止析水,增加黏度。

(二)乳品添加剂的发展

由于乳品添加剂在我国的使用时间较短,使用技术相对来说还不够成熟,随着广大消费者消费品位的提升,对乳品添加剂的营养和安全要求也越来越高,乳制品行业的一些问题亟待解决。

添加剂行业发展相对滞后,适用于乳品的添加剂种类太少。在国家颁布的食品添加剂中,可用于乳制品的品种并不多,如乳化剂仅有50%可用于乳品中,增稠剂仅有22%可用于乳品中(冰淇淋除外)。而且添加剂允许使用的范围较窄,比如批准可用于奶油制品的添加剂,不允许用于其他乳制品中。当然,这是国家监管部门出于对人体健康的重视和保护,但是,相应的,食品添加剂研发机构应该研发更多安全的、适用于乳制品企业的添加剂,才能满足人们对高品质、多品种乳制品的需求。很多食品添加剂的标准也亟待修订和完善,这就使得在发展乳品新品种时,添加剂可选择的余地有限,使用者无章可循,盲目选用,十分被动和危险。

食品添加剂使用的监督制度不够完善。添加剂是我们享受花式各样的乳制品的功臣,但是一些企业为了经济利益滥用添加剂,给社会带来了很大的危害,使得广大消费者“闻添加剂而色变”,只要标签上注明含有添加剂的东西,便一律敬而远之,这给添加剂的开发甚至整个食品行业都造成了很大的影响。因而相关部门应加强监督,对于不按照国标添加的企业必须给予严处,并且加强对乳品添加剂的宣传,使广大消费者科学地认识和了解添加剂，消除恐慌心理。

健康是人类永远的追求，天然与功能相结合的食品是健康的有力保证，食品添加剂在现代食品工业中扮演着重要的角色，也肩负着不可替代的历史使命。基于此，未来乳品添加剂应该朝复合添加剂和天然、健康、营养的方向发展。

第四节　乳制品生产中常见的违禁化学品及其危害

由于我国养牛户以个体散养为主，乳牛的品种、饲养、管理缺乏统一标准，生牛奶的质量有待提高，在乳及乳制品的生产、运输、销售环节，也有较多的监管不力，导致市场中的鲜牛奶和乳粉存在一定的不达标或掺假行为。据调查表明，牛乳及其制品成分复杂，掺假物质种类繁多，这不仅造成了牛乳品质的下降，坑害消费者，有极少数丧心病狂之徒，甚至将有毒、有害物质也掺入其中，造成乳品安全事件时有发生。

常见的违禁化学品的添加可能发生在乳及乳制品生产的各个环节：第一环节是奶农，在交奶前掺入；第二环节是奶站，在收购生牛奶的混合储罐内掺入；第三环节是运输队，在从奶站交付乳品加工厂的途中掺入；第四环节在乳制品生产中。乳制品中添加的违禁化学品五花八门，种类非常多，涉及面也非常广。

根据将违禁化学品添加到乳制品中的目的，可以将违禁化学品简单分为四大类：第一类是调整蛋白质含量的物质，例如尿素、三聚氰胺、动物蛋白水解物等；第二类是起防腐作用的抑菌剂，为延长乳制品保质期而违法添加的，如硫氰酸钠、甲醛等；第三类是为了调整乳制品的比重、脂肪含量、干物质含量添加的掩盖性违禁化学品，如食盐、碱性物质、淀粉、植脂末、蔗糖、葡萄糖等；第四类是一些其他物质，如石灰水、洗衣粉等。这些物质侵害了消费者的利益，损害了消费者的身体健康，是乳制品生产中需要严格控制的。下文简单介绍前三类添加物。

一、“三聚氰胺”奶粉

1.三聚氰胺事件

2008 年 9 月，媒体首次报道称甘肃 14 名婴儿因食用三鹿奶粉同患肾结石。9 月 11 日，陕西、宁夏、湖南、湖北、山东、安徽、江西、江苏等地也报道有类似案例发生。当天，三鹿集团的生产工厂被贴上封条。9 月 12 日，有关部门联合调查组确认，受三聚氰胺污染的婴幼儿配方奶粉能够导致婴幼儿泌尿系统结石。9 月 17 日，三鹿集团党委书记被刑事拘留；石家庄市市长被免职。截至 9 月 21 日上午 8 时，全国因食用含三聚氰胺的奶粉导致住院的婴幼儿有1万余人，官方确认4例患儿死亡。

随后，国家质检总局紧急在全国开展了婴幼儿奶粉三聚氰胺含量专项检查。此次专项检查对其余109家企业进行了排查，共检验了这些企业生产的491批次产品。阶段性检查结果显示，有22家婴幼儿奶粉生产企业的69批次产品检出了含量不同的三聚氰胺。

三聚氰胺事件引起政府和民众的高度关注，一时间成为媒体和食品安全部门调查的焦点，政府及时对市场上尚存的相关问题乳制品采取全部下架停售措施，各方媒体纷纷开始质疑乳制品行业产品质量安全。三聚氰胺作为一种化学品是否可以加入食物和饲料，在此次事件前科学界并没有专门论证。在中国，三聚氰胺没有进入添加剂名录，但也无法律法规明令禁止。而在目前的乳制品检测项目中，像三聚氰胺之类的绝大部分化工原料过去都未被列入，其原因是化工原料种类太多，不可能都列入检测目录。

目前少部分企业从利益角度出发，任意添加化学品的行为十分普遍，相比之下，有关部门无论是在标准制定还是产品检测监管方面，都亟须完善和加强。

2. 什么是三聚氰胺

三聚氰胺，俗称密胺、蛋白精，是一种三嗪类含氮杂环有机化合物，常用化工原料。它是白色单斜晶体，几乎无味，微溶于水，可溶于甲醇、甲醛、乙酸、乙二醇、甘油、吡啶等，不溶于丙酮、醚类，对身体有害。三聚氰胺含氮量达66%左右，且没有什么气味和味道，掺杂后也不易被发现，因此成为蛋白质含量掺假的选择对象。

三聚氰胺本身为低毒性，由于其微溶于水，经常饮水的成年人体内不易形成三聚氰胺结石，但饮水较少且肾脏狭小的哺乳期婴儿体内则较易形成结石。人体长期摄取三聚氰胺可能造成生殖系统损害、膀胱或肾结石、膀胱癌等。

3. 为什么要添加三聚氰胺

在乳制品生产中，蛋白质的含量是要严格控制的一个指标，为了达到营养标准，要求原料奶蛋白质含量不能少于3.3g/100g，如果低于这个指标，乳品生产企业一般拒收。而中国的许多奶源由于饲养的问题很难达标，还有一些不法分子为了利益在奶中掺水，为了不使蛋白质含量降低，就添加一些富含氮的物质。这是因为目前国际上测定蛋白质含量通行的办法为“凯氏定氮法”，在国内食品行业作为国家标准而普遍采用。这种方法只测定氮的含量，再以此推算出蛋白质的含量。这套检测办法的漏洞就在于，只要在食品中添加一些含氮量高的化学物质，例如三聚氰胺及其类似物（三聚氰胺二酰胺、三聚氰胺一酰胺及三聚氰酸）、尿素、硝酸铵等廉价高氮物质，就可在检测中造成蛋白质含量达标的假象。

4. 其他的类似添加物

(1)尿素

对于尿素我们并不陌生，它是人体或其他动物中含氮物质代谢的主要最终产物，主要随尿排出。尿素主要用做植物的氮肥，为无色或白色针状或棒状结晶体，工业或农业品为白色略带微红色固体颗粒，含氮量约为46.67%。少量尿素并不会对人体造成危害，但当其大量聚集而不能排出时，会使人体内电解质平衡被破坏，从而产生疾病(如尿毒症)给人体造成损伤。

(2)动物蛋白水解物

动物蛋白水解物是以动物组织为原料，经加工水解制成，含蛋白质达到85%以上。有些动物蛋白水解物是利用动物废料、垃圾及毛发等加工而成，虽价格低廉，但含有致癌物、重金属、大量杂菌，对人体危害极大，此类物质如被加入到乳及乳制品中会带来潜在的危害。

皮革奶就是鲜明的例子。皮革蛋白水解物是皮革"鞣革"生产工艺中产生的下脚料，是一种廉价的工业原料，最常见的皮革水解物是皮革粉。将其掺入牛奶或奶粉中可提高蛋白质的含量。早在2005年，媒体揭发山东奸商在牛奶中添加皮革蛋白水解物，全国监管部门曾经大力整顿；但在2009年3月，浙江省金华市又查出"皮革奶"，当场查获3包20公斤装的皮革粉，以及1300箱受污染的牛奶产品。

皮革蛋白水解物的检测难度比三聚氰胺更大，因为它本来就是一种蛋白质，而由于其含有大量杂菌和有毒物质，对人体健康威胁更大。例如，由于制革时多用重铬酸钾(钠)等工业原料，这种盐类渗入皮革后很难清除，用这种皮革生产水解蛋白，自然就将重铬酸钾(钠)等物质带入产品中，如果被人体吸收，危害很大。

二、加防腐剂的"鲜"奶

牛奶是高营养物质，而且水分含量高，在贮藏或运输过程中若无冷藏设施，微生物会大量繁殖，致使牛奶迅速变质。在气温较高季节或地区，为防止牛奶细菌指数超标，延长鲜奶保质期，一些不法商贩在鲜奶中加入防腐剂，如硫氰酸钠、甲醛(市售产品叫福尔马林)、双氧水、焦亚硫酸钠、硼酸和硼砂等。这类有害防腐剂会对奶中的营养成分造成破坏，并且严重危害人们的身体健康。

1. 硫氰酸钠

硫氰酸钠是白色结晶或粉末，易溶于水、乙醇和丙酮。原料奶或奶粉中掺入硫氰酸钠后可有效抑菌，但硫氰酸钠是毒害品，少量食入就会对人体造成极大伤害。硫氰酸钠的毒性主要由其在体内释放的氰根离子而引起。氰根离子能很快与细胞色素氧化酶中的三价铁离子结合，从而抑制该酶活性，使组织不能利用氧。

氰根离子所致的中毒分为轻、中、重三级。轻度中毒表现为眼及上呼吸道刺激症状，口腔有苦杏仁味，口唇及咽部麻木，继而出现恶心、呕吐、震颤等；中度中毒表现为叹息样呼吸，皮肤、黏膜呈鲜红色，其他症状加重；重度中毒表现为意识丧失，出现强直性和阵发性抽搐，直至角弓反张，血压下降，尿、便失禁，常伴发脑水肿和呼吸衰竭。

2. 甲醛

甲醛是无色、具有强烈气味的刺激性气体，其35%～40%的水溶液通称福尔马林。甲醛的主要危害表现为对皮肤黏膜的刺激作用。它能与蛋白质结合，人体高浓度吸入时出现呼吸道严重刺激和水肿、眼刺激、头痛，皮肤直接接触可引起过敏性皮炎、色斑、皮肤坏死。

高浓度甲醛还是一种基因毒性物质，实验动物在实验室高浓度吸入的情况下，可引起鼻咽肿瘤。甲醛的中毒症状为头痛、头晕、乏力、恶心、呕吐、胸闷、眼痛、嗓子痛、心悸、失眠、体重减轻、记忆力减退以及植物神经紊乱等；孕妇长期吸入可能导致胎儿畸形甚至死亡，男子长期吸入可导致精子畸形、死亡等。

3. 双氧水

双氧水为过氧化氢的水溶液，外观为无色透明液体，是一种强氧化剂，适用于伤口消毒及环境消毒。过氧化氢对人体有一定的危害性，主要表现在过氧化氢可致人体遗传物质DNA损伤及基因突变，可能具有致癌的危险性，可能加速人体的衰老进程。

过氧化氢与老年痴呆、老年帕金森氏病、脑中风、动脉硬化及糖尿病性肾病和糖尿病性神经性病变的发展密切相关。过氧化氢作为强氧化剂，通过耗损体内抗氧化物质，使机体抗氧化能力低下，抵抗力下降，进一步造成各种疾病；可能导致或加重白内障等眼部疾病；通过呼吸道进入可导致肺损伤；多次接触可致人体毛发变白，皮肤变黄等；可刺激胃肠黏膜，导致胃肠道损伤；小分子过氧化氢经口摄入后很容易进入体内组织和细胞，可进入自由基反应链，造成与自由基相关的许多疾病。

4. 焦亚硫酸钠

焦亚硫酸钠为白色或黄色结晶粉末或小结晶，带有强烈的刺激性气味，可以作为抗氧化剂和防腐剂。焦亚硫酸钠对人体皮肤、黏膜有明显的刺激作用，可引起结膜、支气管炎等疾病，直接接触可引起皮肤灼伤。

5. 硼酸

硼酸为白色结晶性粉末或无色微带珍珠状光泽的鳞片，无气味，味微酸苦后带甜，与皮肤接触有滑腻感。硼酸可作为外用杀菌剂、消毒剂、收敛剂和防腐剂，对多种细菌、霉菌均有抑制作用，禁止内服。工业生产中接触过多，能引起皮肤刺激、结膜炎、支气管炎，一般无中毒发生。口服硼酸能引起急性中毒，主要表现为胃肠道症状，有恶心、呕吐、腹痛、腹泻等，继之发生脱水、休克、昏迷或急性肾功能衰竭，可有高热、肝肾损害和惊厥，重者可致死。长期由胃肠道或皮肤吸收少量硼酸，可导致消化道损害、皮炎、秃发以及肝肾损害等。

6. 硼砂

硼砂为硼酸钠的俗称，为白色或无色结晶性粉末，因为毒性较高，世界多个国家禁用于食品。硼砂对人体健康的危害性很大，连续摄取会在体内蓄积，妨害消化道中酶的作用，会引发多脏器的蓄积性中毒，其急性中毒症状为呕吐、腹泻、循环系统障碍、休克等。硼砂的成人中毒剂量为1～3克，成人致死量为15克，婴儿致死量为2～3克。

三、造成“大头娃娃”的劣质奶粉

1. 事件回放

2004年，安徽阜阳劣质奶粉事件震惊全国，因食用劣质奶粉造成的“头大、嘴小、浮肿、低烧的大头娃娃”震动了全社会，有171名婴儿出现营养不良综合征，其中因并发症死亡13人。这主要是因为食用劣质奶粉导致婴幼儿生长停滞，免疫力下降，进而并发多种疾病甚至死亡。之后，国家工商总局公布了54家劣质奶粉生产企业，涉及11个省，97名相关责任人受到处理，31人被逮捕。

事件发生后，国务院调查组调查发现，不法分子用淀粉、蔗糖等低廉的原料全部或部分代替奶粉，再加奶香精等添加剂进行调香调味而制成劣质奶粉，奶粉中婴儿生长所需的蛋白质、脂肪、维生素、矿物质等含量均远远低于国家标准。

由于婴儿处于生长发育期，对营养素尤其是蛋白质的需求相对较多，此时如母乳不足而奶粉中未及时添加其他营养素，奶粉配制过稀或长期以淀粉类食品（如粥、米粉等）喂养等均可导致“大头娃娃”。

2. 选择婴幼儿配方奶粉的注意事项

在持续增长的婴幼儿配方奶粉市场中，劣质奶粉的生产商和销售商在金钱的驱使下，结成了一根藤上的毒瓜，给阜阳地区受害的婴儿及其家长们带来了无尽的伤害与痛苦。处在生长发育期的婴幼儿，一旦受到营养不良的损害，其认知能力和抽象思维能力易发生缺陷，会带来终生的遗憾。

对婴幼儿应大力提倡母乳喂养，因为母乳中含有小儿生长发育所需要的绝大多数营养素，并且富含免疫物质，对母乳不足或不宜母乳喂养者应采用混合喂养或选购优质婴幼儿配方奶粉。在选择婴幼儿配方奶粉时，要注意以下几点：

(1)注意了解食品安全信息，选择正规购买渠道。重视政府部门公布的不合格产品信息，对不合格奶粉要拒绝购买。购买婴幼儿奶粉要选择知名度高、信誉度好的品牌产品，尽可能到正规商场或超市购买。

(2)掌握购买食品基本常识，注意检查产品包装外观、标识、来源、合格证明等内容。注意索要购物凭证，以便出现问题时作为维权的有效证据。

(3)切莫一味贪图便宜。阜阳事件中劣质奶粉价格一般在每500克10元左右，而合格国产婴幼儿配方奶粉最低价格也在每500克20元左右，劣质奶粉的销售者往往利用人们的心理价格因素进行推销。

(4)提高维权意识，依法保护自己的合法权益。消费者在发现或购买到伪劣奶粉时，要及时向有关部门举报。对因食用劣质奶粉造成人身健康损害的，应及时向消费者协会投诉，损害严重的要依法提起诉讼。

3. 劣质奶粉中添加的其他化学物质

(1)碱性物质

常见的碱性物质有苏打、碱面等。由于牛奶营养丰富，微生物易于繁殖，特别是在夏季最容易酸败；另外在牛奶中掺了其他物质也易发生酸败，不法分子为了掩盖酸败，常常会加碱。

(2)面粉和淀粉

由于掺了水的牛奶密度会降低，因此不法分子在奶中掺入淀粉、豆浆、面粉类物质以增加奶品的重量和提高密度。而掺入的面粉、淀粉会影响成品的风味，并使牛奶呈现糊状，一般会再加入其他的添加剂调和。

(3)食盐

比重是乳制品企业收购生牛奶的测试指标之一，加盐能使牛奶比重提高。

(4)葡萄糖类物质

常见的葡萄糖类物质包括淀粉、蔗糖、乳糖、麦芽糖、葡萄糖等。而在国家标准GB5410-1999《全脂乳粉、脱脂乳粉、全脂加糖乳粉和调味乳粉》中明确规定全脂乳粉、脱脂乳粉仅以牛乳或羊乳为原料，全脂加糖乳粉仅以牛乳或羊乳及白砂糖为原料，不允许添加其他原料。有些乳粉加工企业为了降低成本，在乳粉中加入价格相对较低的葡萄糖类物质。

(5)植脂末

乳制品企业收购生牛奶时要检测牛奶中的脂肪含量，不法分子为了提高鲜奶的脂肪含量，常在鲜奶中掺入植脂末。

植脂末又称奶精，是以氢化植物油(是对身体危害很大的一种产品)、酪蛋白为主要原料的产品。植脂末速溶性好，通过香精调味后风味近似牛奶，从而在保持乳品品质“稳定”的前提下，降低生产成本。

氢化植物油的生产过程中会产生大量的反式脂肪酸，反式脂肪酸除了增加心血管疾病的危险性外，还会干扰必要脂肪酸的代谢，影响儿童的生长发育及神经系统健康，增加糖尿病的患病风险并导致妇女不孕。

(6)金玉兰酶制剂

β-内酰胺类抗生素是在牛乳生产中应用最广泛的抗生素，用于治疗牛乳腺炎和其他细菌感染性疾病。按照国家规定，使用抗生素药物后一定时间内的乳汁不得作为供人食用的原料。同时《生鲜牛乳收购标准》中规定，生鲜乳中不得检出抗生素。然而就中国奶牛饲养环境而言，牛奶的绝对“无抗”较难达到。

针对这种情况，市场上出现了所谓的“抗生素分解剂”，该分解剂的成分是β-内酰胺酶(金玉兰酶制剂)，可选择性分解牛奶中残留的β-内酰胺类抗生素。β-内酰胺酶添加到乳中，能起到掩蔽抗生素的作用，但是由于该制剂的安全性未知，因此所有乳制品生产企业严禁在产品中添加此类物质。

(7)乳清粉

乳清粉是乳品企业在鲜奶中提取奶酪后的副产品，价格相对全脂奶粉便宜许多。因为乳清粉的全部成分都来源于鲜乳，因此，用常规的化学方法很难分辨出是否掺入了乳清粉。

有些企业采用廉价乳清粉和低质奶粉做原料，还原加工成液态奶：一种是在原奶中掺入近30%的乳清粉，混合加工后按鲜奶销售；另一种是以乳清粉为原料生产调味乳，但在标识上仍注明原料为鲜奶。还原奶制品中的维生素、微量元素、免疫球蛋白等含量均低于鲜奶制品，口感也不如鲜奶好。把还原奶当鲜奶销售，降低了乳制品质量标准和营养，损害了消费者的利益，需要有关部门严格监管。

☞知识链接

选购婴幼儿奶粉，"一查、二看、三压、四摇"

一看奶粉包装。包装印刷的图案、文字应清晰，文字说明中有关产品和生产企业的信息标注齐全。无论是罐装奶粉还是袋装奶粉，其包装上都应有配方、执行标准、适用对象、食用方法等必要的文字说明。

二查奶粉的生产日期和保质期限。一般罐装奶粉的生产日期和保质期限分别标示在罐体或罐底上，袋装奶粉则分别标示在袋的侧面或封口处，消费者据此可以判断该产品是否在安全食用期内。

三挤压一下奶粉的包装，看是否漏气。由于包装材料的差别，罐装奶粉密封性能较好，能有效遏制各种细菌生长，而袋装奶粉阻气性能较差。在选购袋装奶粉时，双手挤压一下，如果漏气、漏粉或袋内根本没气，说明该袋奶粉可能已有质量问题，不要购买。

四摇，检查奶粉中是否有块状物。摇动时如果是均匀的沙沙声，可能是好奶粉。如果有撞壁的声音，则可能有奶粉结块，就不要购买。袋装奶粉还可以用手去触捏，如手感松软平滑且有流动感，则可能为合格产品，如手感凹凸不平，并有不规则大小块状物，则该产品已变质。

第六章 水产品的安全生产

说起水产品，首先就会想起鱼、虾、蟹等，当然，这都是我们常见的水产品。从严格意义上讲，水产品指的是水域中具有开发利用价值的经济动植物种类和数量的总和，通常指各类鱼、虾、贝、藻等鲜活品和其加工品，又称渔业资源。总的来说，渔业资源可分为海洋渔业资源和内陆水域渔业资源。中国的海洋鱼类有1700余种，经济鱼类300多种，常见的有六七十种之多。中国也是世界上内陆水域面积最大的国家之一，我国国土上分布的江河、湖泊、水库、池塘等内陆水域总面积达27余万平方千米，同时，我国是世界上最大的水产品养殖国。

第一节 水产品生产安全现状

随着科技的大发展，我国水产养殖水平迅速提高，然而水产养殖中暴露出来的问题同样不容忽视，例如，在渔业经济迅速发展的同时严重忽略了对养殖水域生态平衡和环境的保护，致使水产养殖业在发展过程中不断受到资源匮乏、环境污染、病害因素的困扰和制约，渔业可持续发展的基础遭到了严重的破坏。

据统计，我国2011年上半年监测的入海排污口中有半数超标排放污水。富含营养物质和有机农药的污水也随地表径流进入内陆各级水体，致使水质恶化，其直接后果就是水产品质量和卫生问题日渐突出。同时，由于渔用药物的滥用、饲料中滥添各种药物及激素，导致水产品中有毒有害物质和药物残留超标的现象非常严重。

另外，虽然我国的水产品加工业取得了长足的发展，产品形式也逐渐多样化，但水产品加工技术和加工设施的自主创新能力不足，水产品加工技术长期在低水平徘徊，现有水产加工仍是简易的冷冻加工为主，水产品综合利用和产品附加值低，不能满足日益发展的渔业经济的需要。

目前我国渔业生产的现状是渔业发展重数量、轻管理，过多地消耗资源、牺牲环境，加上水产品质量安全基础研究及监管工作的薄弱，水产品质量安全问题仍然较多，在一定程度上成为渔业可持续发展的瓶颈。

我国的水产品主要有藻类、贝类、鱼虾蟹、头足类和棘皮类等。其安全状况表现为：

(1)藻类产品(海带、紫菜、裙带菜等)。我国在藻类养殖过程中基本不使用药物和肥料，因此我国藻类产品是比较安全可靠的。

(2)贝类产品（扇贝、文蛤、牡蛎、江瑶贝、贻贝、毛蚶等)。贝类养殖过程中危害因素主要有：一是来自养殖水域水质的污染；二是一些被轻度污染的贝类产品没有经过严格、有效的净化处理；三是个别加工企业为了增加重量，对产品(如对鲜冻扇贝柱)采用保水剂浸泡，过量的保水剂对人体的骨钙吸收危害很大，而且经此处理后的水产品口感较差。

(3)鱼虾蟹(包括活品及冷冻、冰鲜品等)。该类产品的危害因素主要来自养殖过程中不规范使用渔药，特别是大量无节制地使用抗生素类药物。

(4)头足类和棘皮类(鱿鱼、墨鱼、章鱼等和海参、海胆等)。这两类水产品的危害因素主要是加工环节违禁品的非法使用。如鱿鱼等水发干制品在干制过程中加入杀虫剂(如敌敌畏)，在水发过程中使用甲醛溶液(福尔马林)浸泡；在海参干制过程中加入盐粒甚至水泥增重。

我国对水产品的安全监管一直非常重视，政府也努力采取更加有效的措施，想尽快解决水产品质量安全管理方面存在的问题，保证水产品的质量安全。当然，水产品的安全生产还需要水产品生产企业的自律经营，消费者也要提高认识，对水产品的生产经营及时监督举报，真正做到“食品安全，人人有责”，才能保证水产品的质量安全水平不断上升。

下面简单介绍两类影响水产品质量安全的客观因素，其他几类主观影响因素将在后文介绍。

(一) 天然有害物质

人们对化学物质引起的食品安全问题有不同程度的了解和重视，但是却往往忽视食品本身具有的天然毒素。如今，在生产中不添加任何化学物质的天然食品颇受青睐，媒体也将其描述为有万利无一害的食品，似乎是绝对安全的，然而并非如此。天然动植物毒素引起的食物中毒事件屡有发生，由此给人们健康带来的危害及造成的经济损失也是惊人的。

实际上，大多数的动植物体内都存在着天然的毒性成分，了解这些成分的特点及危害有助于我们在食用这些食品时不至于发生食物中毒事件，而食品加工的一个重要作用就是去除这些毒性成分，保证食品的安全。

例如，2003 年 8 月 31 日晚，广东台山市发生了一起严重食物中毒事件，4 名孩子经抢救无效死亡。中毒的原因竟然是家长听说蟾蜍汤可为小孩“去黄气”，未经证实便贸然食用，以致酿成惨剧。

蟾蜍俗称癞蛤蟆，其耳下腺、皮肤腺内有含蟾毒素的白色浆液，食用过量蟾蜍肉或含蟾蜍肉的中成药，可能会引起中毒。中毒后有恶心呕吐、腹痛腹泻、水样便等胃肠道症状，伴有头痛头晕、嗜睡、四肢麻木以及心悸、心律失常等表现。蟾蜍毒汁污染眼部可致结膜炎，甚至失明，污染皮肤可致皮炎。

（二）环境水质中可能存在的化学危害

良好的养殖环境是保障水产品养殖质量的基本条件之一。养殖所在地要适合养殖生物种类的生长需要，应是生态环境良好，没有或不直接受工业“三废”及生活垃圾、医疗废弃物污染的水域。因为水体中的污染物尤其是有毒有害物质可以在水产品体内积累，长期生活在积累性毒物污染水体的渔业生物，会逐渐甚至完全失去经济价值和食用价值。

环境残毒主要有以下四类：一是重金属类元素，如毒性较大的汞、镉、铅、铬、砷等和有一定毒性的锌、铜、镍、锡、银等；二是放射性元素，如铯、锶等；三是有机卤素化合物，如多氮联苯等；四是石油烃类化合物。

针对环境污染的水域，也可以采取一些化学方法减少毒害：

1.利用生石灰等药物对池塘消毒及保持水体的pH。可以使用生石灰来消除污泥中的有毒物质和中和水体酸性。水体pH主要取决于水中游离二氧化碳和碳酸氢盐的含量。一般高产养殖水体的pH都是中性或弱碱性，如果水性变酸，就要及时泼洒生石灰调节。生石灰呈弱碱性，不仅能改良偏酸水体，而且由于生石灰能提供较多的钙质，对于鱼虾的生长也极为有利。

2.养殖水体一定要保持充分的溶氧，但不能有超量的硫酸盐存在。如果有过多的硫酸盐，再加上有机质较多和缺氧条件，硫酸盐就有可能生成有毒气体硫化氢，产生对水生物的毒害，所以要控制硫酸盐的含量。

第二节　饲料和渔药的安全使用

一、饲料的安全使用

从生产过程来看，水产品的质量安全受饲料的组成、水环境、产品的加工和运输方式等诸多因素的影响，因此，对水产品质量安全的控制，必须实施“从养殖场到餐桌”的全程监控。由于养殖是第一个环节，而饲料是此环节中的主要因素，因此，在饲料生产上的安全控制措施，无疑是生产放心水产品的基础和关键环节。

目前，我国水产饲料的生产数量、质量、品种都有待提高，而绿色水产饲料添加剂也是漫长渐进的课题，有待进一步的研发和使用。

渔用饲料应当符合《饲料和饲料添加剂管理条例》和农业部《无公害食品——渔用药物安全限量》(NY 5072-2002)的规定，鼓励使用配合饲料，限制直接投喂冰鲜(冻)饵料，防止残饵污染水质，禁止使用无产品质量标准、无质量检验合格证、无生产许可证和产品批准文号的饲料和饲料添加剂，禁止使用变质和过期饲料。

(一) 饲料的非生物污染

饲料的非生物污染主要包括重金属污染、农药残留及某些有机化合物和无机化合物污染等，这些污染物一般是通过环境污染和生物富集作用等途径进入饲料中的。

1. 重金属污染

蛋白质饲料中的鱼粉，矿物质饲料中的贝壳粉、蛋壳粉和动物骨粉的重金属含量一般较高，其次是来自污染水域的粗饲料(如干草和青贮饲料)以及能量饲料和谷实类饲料。

2. 农药残留

水产动物经食饵、体表接触和鳃呼吸等途径吸收水体中的农药，并通过食物链的富集作用达到较高浓度而蓄积在动物来源的饲料中。

3. 有机化合物污染

容易污染饲料的有机化合物有很多种，以多氯联苯为例简单说明。多氯联苯随工业废水进入江河湖泊，能很快被小球藻、鱼类摄取并富集，鱼粉以及动物来源的饲料成分很容易被其污染。

(二) 饲料添加剂

饲料添加剂是指配合饲料中加入的各种微量成分，它是预混合饲料的重要成分，它与蛋白饲料、能量饲料一起组成配合饲料。使用饲料添加剂的主要目的是完善配合饲料的营养成分，提高饲料的利用率，避免或减少贮存期间饲料营养成分的变质或损失，并改进饲料的适口性，促进水产品的生长发育，最终目的是提高水产品的品质。

1. 渔用饲料添加剂的种类和使用

一般分为营养添加剂、保健助长添加剂、饲料保藏添加剂、增进食欲和改良品质添加剂。营养添加剂为氨基酸、无机盐和维生素；保健助长添加剂为抗生素和酶制剂；饲料保藏添加剂是抗氧化剂、防霉剂和融合剂；增进食欲和改良品质添加剂是引诱剂、着色剂。

饲料添加剂的选用要符合安全性，即长期使用安全或在使用期间不对水产动物产生急、慢性毒害作用和不良影响；在水产品中的残留量不得超过法定标准，不能影响水产品的质量和人体健康。饲料添加剂的安全性关系到水产养殖过程对环境的污染、也关系到水产品的质量安全和人体的健康，所以必须以按规定使用为前提。

2. 绿色水产饲料添加剂的开发及应用

目前开发的绿色水产饲料添加剂主要包括微生态制剂、糖醇类物质、低聚糖、饲用酶制剂、中草药制剂、有机微量元素、酵母细胞壁、酸化剂、大蒜素等。

二、渔药的安全使用

（一）渔药的发展现状

随着我国水产养殖业的快速发展，水产养殖用药品种迅速增加。但由于管理滞后，养殖过程中滥用药物和药物残留的现象比较普遍，养殖环境和水产品安全问题日益突出。面对我国渔业发展的严峻形势，我国政府及渔业主管部门已制订并实施了多项监控计划。

水产养殖用药是指为预防、控制和治疗水产动植物的病虫害，促进养殖品种健康生长，增强机体抗病能力以及改善养殖水体质量而使用的一切物质。按使用目的，目前我国主要渔药可分为以下几大类。

第一类：消毒杀菌剂，主要用于防治细菌性疾病和虾、蟹类寄生虫、累枝虫病。常用的有漂白粉、漂粉精、二氯异氰尿酸钠、三氯异氰尿酸、二氧化氯、福尔马林、高锰酸钾、双氧水等。

第二类：染料类药物，常用的有亚甲基蓝等，可防治鱼卵的水霉病，幼鱼和成鱼的小瓜虫病、车轮虫病、斜管虫病等。孔雀石绿已被证明具有强毒性，已禁止使用。

第三类：杀虫剂，用于杀死鱼体外的鞭毛虫、纤虫、吸管虫和鱼蚤等。常用的有硫酸铜、硫酸亚铁、敌百虫。过量的铜元素可造成鱼体内重金属积累，而敌百虫在弱碱性条件下可脱去一分子氯化氢形成毒性更大的甲氧基二氯乙烯磷酚（敌敌畏），其对人体的危害极大。所以，此类药物的用量需严格掌控。

第四类：抗生素，包括大环内酯类广谱抗菌药物，常用的有土霉素、四环素、金霉素、强力霉素等。

第五类：磺胺类药物，该类药物是人鱼共用药物，使用时要严格控制，尤其是一些新型抗生素，如果人类还处于使用初期，一旦通过食物链传递到人，人必定会对这种抗生素产生耐药性。

第六类：呋喃类药物，可有效防治肠炎等疾病。

第七类：激素类药物，用于育苗期性转变等，常用的有甲基睾酮、己烯雌酚等，激素类药物残留会使正常人的生理功能发生紊乱。

第八类：转基因药物，用于对转基因动物的诱导和多倍体的培育和繁殖，常用的有六次甲氨基嘌呤等。目前，转基因药物和转基因动物的安全性均已受到怀疑。

（二）渔药的使用

水产养殖中渔药的选择与使用，直接关系到养殖生产的经济效益和广大消费者的身体健康。因此，必须引起有关部门的高度重视。水产养殖病害防治方法主要有三种，即生态预防、免疫预防和药物防治。由于药物防治具有生效快、方法简单、可控性好等优点，被广大的养殖户普遍采用，但其潜在的风险也最大。目前，药物残留问题已成为水产品质量安全管理及环境保护等方面的重要内容，因此，必须规范水产养殖中的渔药使用方法。

无公害水产品的生产要注意渔药的质量和使用方法，水产养殖单位和个人应当按照水产养殖用药使用说明书的要求或在水生生物病害防治员的指导下科学用药，禁止使用假、劣兽药及农业部规定禁止使用的药品和其他化合物，原料药不得直接用于水产养殖，使用药物的水产品在休药期内不得用于人类食品消费。

（三）渔药残留

药物残留是指在水产品的任何食用部分中渔药的原型化合物和其代谢产物，包括与药物本体有关杂质的残留。在水产动物体内的残留药物，可以通过食物链进入人体，诱导人体产生某些耐药性菌株，给临床上感染性疾病的治疗带来困难；激素类药物的残留会造成人类生理功能紊乱，有些药物会产生过敏反应。当残留药物在水产动物体内不断蓄积，并且浓度达到一定量时，人类食用后甚至会对人体产生致畸、致癌、致突变作用，危及人体健康。药物残留问题已直接影响到我国养殖水产品的市场竞争力、养殖业的健康发展。

1. 多宝鱼的灭顶之灾

2006 年 11 月 17 日，上海市食品药品监督管理局公布了对上海市多宝鱼的抽检结果：30 件冰鲜、鲜活多宝鱼除重金属指标检测合格外，全部检出硝基呋喃类代谢物，且呋喃唑酮代谢物最高检出值为 1mg/kg 左右，超出国家标准限量。同时，部分样品还检出恩诺沙星、环丙沙星、氯霉素、孔雀石绿、红霉素等禁用渔药残留，部分样品土霉素超过国家标准限量。该局同时发布消费预警，提醒市民谨慎购买、食用药物残留超标的多宝鱼。

“多宝鱼风波”由此引发，而且事态急剧恶化，北京、杭州、广州、南京等地也相继封杀多宝鱼，一时间，各地水产市场对多宝鱼避之不及，造成了全国滞销的局面。

2. 药物残留的危害

水产养殖过程中药物残留的危害性主要表现在三个方面，即对环境的影响、对养殖动物的危害和对食用者的危害等。具体表现在以下几个方面：

（1）耐药性反应

在水产养殖过程中，长期添加抗生素类药物会使养殖动物体内产生耐药性，同时也会使抗生素类药物的用药量越来越大，而药效越来越差。这样，不仅大大增加了养殖成本，而且也增加了养殖过程中病害的治疗难度。同时，耐药性反应也会对养殖产品食用者产生相应的影响。

（2）中毒反应

人们在食用了药物残留超标的水产品后极易引起中毒反应。如链霉素等氨基甙类抗生素可损伤人体的听觉神经及肾功能，四环素类抗生素能抑制幼儿牙齿发育和骨骼生长，氯霉素能引起再生障碍性贫血和颗粒性细胞缺乏症等。

（3）变态反应

水产养殖生产中经常使用的磺胺类药物、四环素类药物及某些氨基甙类抗生素是极易引起人体变态反应的药品。如磺胺类药物能引起人类的皮炎、白细胞减少、溶血性贫血等疾病。

(4) 其他反应

在水产养殖过程中使用的鱼饲料常含有一些激素类的药物，这些药物在人体内蓄积到一定量后会使人体的生理功能紊乱，更为严重的是，某些激素会影响儿童的正常生长发育。

3.正确选择给药方法和技术

(1) 正确选择疾病的治疗方法

水产养殖动物的治疗方法主要有拌药饵投喂法、浸泡药浴法、注射法、涂抹法及悬挂消毒法。具体采取哪种治疗方法，应根据患病动物的状况、病原体的特性及药物的剂型来选择。

(2) 选择药物的依据

从患病水产养殖动物体内分离出病原体，进行革兰氏染色和鉴定其种类后，根据不同药物的抗菌谱，就可以大体明确何种抗菌药能治疗该种疾病。在用药时，最好是将磺胺类药物作为第一次使用，其他抗菌菌素类药物作为第二次使用，各种化学合成的药剂作为第三次使用。

(3) 渔药使用中存在的问题

由于大部分水产养殖户对渔药的药理不够了解，并且对发病的水生生物的致病原因不明，导致他们在渔药的使用中存在许多问题，主要表现在以下几个方面：不重视对病原体的诊断；不了解病原菌的耐药情况；不重视提高水产养殖动物的自身免疫功能；用药时不遵守休药期等。

(4) 常见渔药的配伍禁忌

①生石灰不能与漂白粉、盐类、有机化合物等混用。

②漂白粉不能与酸类、福尔马林、生石灰等混用。

③高锰酸钾不能与有机物、酒精、氨等混用。

④新洁尔灭不能与碘、碘化钾、过氧化钠等混用。

⑤青霉素与碱性药液如 ST 注射液混用会逐渐失效；与酸性药物如四环素等混用会分解失效；与氧化剂、碘、高锰酸钾、双氧水混用会失效；与重金属盐如铜、汞、铅等混用会失效。

⑥土霉素与碱性溶液混用会沉淀失效。

⑦金霉素与复方碘溶液混用会沉淀失效。

⑧四环素与生物碱混用会沉淀失效，不能与含氯消毒剂混用，与挥发油、脂肪油共用会分解失效。

无公害水产品生产中严禁使用高毒、高残留或具有“三致”(致癌、致畸、致突变)毒性的渔药，严禁使用对水域环境有严重破坏而又难以修复的渔药，严禁直接向养殖水域泼洒抗菌素，严禁将新近开发的人用新药作为渔药使用。

（四）正确使用渔药的意义

我们关注水产品的质量安全，重点关注的不仅仅是水产品是否鲜活、是否缺斤短两，更重要的是其对人体健康的影响，所以，加强对养殖户技术培训，提高养殖户科学用药、安全用药的意识和水平非常重要。

科学用药、安全用药要做到预防为主、治疗为辅。生产上要从健康养殖角度来预防疾病的发生，少用或不用药；少用抗生素或其他化学药物，多用绿色生物渔药。采取科学的用药方案，避免因长期使用同种药物形成耐药菌株，提高防治效果。严格遵守药物的使用对象、使用期限、使用剂量和休药期等规定，以保证水生动物的药物残留降到规定指标内。

从保护国内环境和提高人们生活质量水平的角度出发，2002 年 8 月，农业部和国家质量监督检验检疫局联合发布《水产品药物残留专项整治计划》，同时公布了水产品禁用渔药清单。我国将逐步建立起水产养殖用药的可追溯制度，并将开展有效的水产养殖用药安全评价，普及和推广水产养殖安全用药知识，指导广大水产养殖户科学、规范地使用渔药，进一步提高我国水产养殖产品的质量安全水平。

第三节　水产品生产和保鲜中常用的化学物质

水产品味道鲜美，营养丰富，但也容易腐烂变质，所以在水产品的生产加工中防腐保鲜是重要的工序，其中冷冻、盐腌、烟熏等是传统的保藏方法。在现代社会，由于化学品的合理应用能起到立竿见影的效果，所以化学物质常常被应用于水产品的生产和保鲜中。

一、水产品活运麻醉剂

常用的水产品活运化学麻醉剂有磺酸间氨基苯甲酸乙酯、盐酸苯唑卡因、喹那丁、乙醚、乙醇、二氧化碳、苯氧基乙醇、巴比妥钠等。其中最常用的是磺酸间氨基苯甲酸乙酯，俗称 Ms-222，被世界各国广泛应用于鱼类、虾类运输过程中的保鲜。使用 Ms-222 对鱼类进行麻醉时通常采用浸浴法，到达目的地后将其放入清水中，鱼类可在 5～30 分钟内苏醒过来。使用 Ms-222 麻醉运输活淡水产品，水产品存活率高，无异味，对人体无害，但其价格较高。

盐酸苯唑卡因是白色粉末，较易溶于水。使用时先将其溶于乙醇中，然后与水混合均匀。使用盐酸苯唑卡因时麻醉淡水产品的程度不能太深，否则易造成水循环不良，使局部环境缺氧，大大降低使用效率。

二氧化碳对水产品也有一定的麻醉作用。有研究表明，其麻醉最佳浓度为500mg/kg，该浓度下鱼苗可存活215小时，存活率95%。二氧化碳作为活鱼运输麻醉剂具有安全可靠、价格低廉等特点，具有广阔的应用前景。

在使用水产品活运麻醉剂时，应注意麻醉剂对环境、淡水产品和人的危害性。只有有效了解并解决这些问题，才能真正在淡水产品的运输过程中大规模推广应用。

二、淡水产品化学保鲜剂

化学保鲜法就是在淡水产品中加入对人体无害的化学物质来延长淡水产品的保鲜时间并保持品质的一种保鲜方法。水产品化学保鲜剂包括防腐剂、抗氧化剂、涂膜保鲜剂等。从广义上讲，能够抑制或杀灭微生物和内源酶的化学物质都可以称为防腐剂；抗氧化剂是防止或延缓食品氧化变质的一类物质。

由于使用化学保鲜剂最令人关注的问题就是安全性，因此，添加到水产品中的化学保鲜剂必须符合食品添加剂法规，并严格按照食品卫生标准控制其用量和使用范围，以保证消费者的身体健康。

1.采用防腐剂保鲜

防腐剂一般分为酸型防腐剂、酯型防腐剂、无机防腐剂和生物防腐剂四类。在水产品中常使用以下几种。

(1) 山梨酸及山梨酸钾

我国规定在鱼类制品中山梨酸及其钾盐的最大使用限量为0.075g/kg，鱼干制品、即食海蜇中为1.0g/kg。

(2) 苯甲酸及苯甲酸钠

(3) 亚硫酸盐和二氧化硫

在水产品中使用此类防腐剂的目的更侧重于防止产品褐变。在速冻生龙虾中使用限量为100mg/kg，在速冻熟龙虾中使用限量为30mg/kg。

(4) 稳定性二氧化氯

二氧化氯作为高效消毒剂，可以杀灭细菌、细菌芽孢、真菌、分枝杆菌和病毒等。

(5) 乳酸链球菌素

乳酸链球菌素属于生物防腐剂，是一种相对安全的防腐剂。

(6) 鱼精蛋白

鱼精蛋白属于生物防腐剂，对鱼糜类制品而言，鱼精蛋白还有增强凝胶弹性的效果。

另外，也有醋酸钠、柠檬酸等应用于水产品保鲜的报道。

2.采用抗氧化剂保鲜

水产品中含有不饱和脂肪酸，在加工和储藏过程中容易被氧化，不仅会降低产品的营养，使风味和颜色劣变，而且还可能产生有害物质危及人体健康。食物用抗氧化剂的种类很多，抗氧化机理也不尽相同，但均与抗氧化剂的还原性有关。

在水产品加工中经常使用的抗氧化剂主要有丁基羟基茴香醚(BHA)、二丁基羟基甲苯(BHT)、叔丁基对苯二酚(TBHQ)、没食子酸丙酯(PG)、异抗坏血酸及其衍生物、茶多酚等。各种抗氧化剂的每日允许摄入量和使用限量见表6-1。

表6-1 允许使用的抗氧化剂有关规定

名 称	使用对象或用途	每日允许摄入量/(mg/kg)	我国规定的最高使用限量(g/kg)
丁基羟基茴香醚	干鱼制品	0～0.5	0.2
二丁基羟基甲苯	干鱼制品	0～0.3	0.2
叔丁基对苯二酚	干鱼制品	0～0.7	0.2
没食子酸丙酯	干鱼制品	0～1.4	0.1
异抗坏血酸及其钠盐	鱼肉制品、鱼贝腌制品、鱼贝冷冻品	不作特殊规定	1.0(冷冻鱼)
植酸、植酸钠	虾	—	残留量≤0.02
茶多酚	鱼制品	—	0.3
4-己基间苯二酚	虾	—	残留量≤0.001
甘草抗氧化物	腌制鱼	0.1	0.2

需要说明的是,抗氧化剂的使用一般选择在水产品保持新鲜状态和未发生氧化变质前,否则效果显著下降,甚至无效。对各种酚型抗氧化剂而言,柠檬酸、磷酸及其盐类都具有较好的抗氧化增效作用。

水产品在保鲜过程中单独使用抗氧化剂的效果并不明显,通常与干制、冷藏等技术手段结合使用。

3.采用涂膜保鲜剂保鲜

为了防止生鲜水产品脱水、氧化、变色、腐败变质,而在其表面进行喷涂或涂抹的物质称为涂膜保鲜剂。它的作用机理除了针对微生物的作用外,还针对水产品本身的变化,如酶促反应等,与防腐剂和抗氧化剂的作用机理不同。下面介绍几种近年研究成功的涂膜保鲜剂。

(1) 蜂胶

蜂胶可用于水产品保鲜的一个重要优势就是其具有多种药理活性,不但对身体无危害,反而具有保健作用。

(2) 短梗霉多糖

短梗霉多糖溶液很容易在海产品表面形成一层薄膜,从而达到保鲜目的。该产品不仅使用方法简单易行,而且节省空间和能耗,具有较大的实用价值。

(3) 甲壳素

甲壳素在水产品保鲜上的应用研究也比较多,也具有较好的应用效果。国内曾报道用壳聚糖和抗坏血酸，按 0.7％和 2.0％的比例混合，保鲜效果较佳。

涂膜保鲜剂对水产品的危害较小，也不易残留，具有广阔的应用前景。为了提高涂膜保鲜剂的效果，在保鲜剂使用过程中需要结合其他保鲜方法，如加入防腐剂和抗氧化剂，或在低温下冷藏等。

第七章　调味品的安全生产

第一节　调味品的生产及安全现状

调味品是指在饮食、烹饪和食品加工中广泛应用的，用于调和滋味和气味并具有去腥、除膻、解腻、增香、增鲜等作用的产品。它的主要功能是增进菜品质量，满足消费者的感官需要，从而刺激食欲，有益于人体健康。从广义上讲，调味品包括咸味剂、酸味剂、甜味剂、鲜味剂和辛香剂等，像食盐、酱油、醋、味精、糖、八角、茴香、花椒、芥末等都属此类。

近年来，随着人们生活水平的提高，调味品的生产和经营出现了空前的繁荣和兴旺，成为副食品市场的新经济增长点。尤其随着食品工业的发展和餐饮业及方便食品的兴盛，调味品产业生产工艺改进、品种增加、质量提高，并逐步向营养、卫生、方便和多元化方向发展。

（一）调味品的生产现状

1.产品产量持续增长

据统计，2001 年至 2010 年调味品行业的销售额从 277.23 亿元猛增至1516.22 亿元，年复合增长率达到 17.47%。2010 年调味品销售收入排在所有食品细分行业的第 5 位，全年同比增速达到 32.36%。酱油行业从 2006 年至 2010 年产量翻了一番多，年均增长 21.6%。味精销售收入从 2003 年的 94 亿元增长到 2010 年的 413 亿元，特别是近 5 年来，年均增长率达 26.5%；味精 2010 年的销售收入占整个调味品行业的 27.2%，是调味品行业最大的细分市场。

在传统调味品产业发展的同时，其消费领域也越来越宽泛，其作用已不仅仅是过去的“调味”和“佐料”，而是作为人们不可缺少的消费品和食品工业的原料，向食品工业领域的纵深发展。

非传统调味品以及调味品生产原辅料产品日益增多，复合调味品的发展方兴未艾。国际上 80%的调味品均为复合调味品，而我国复合调味品的年增长率达 20%，但总产量仅有 240 万吨；品种也非常有限，以菜肴调味料来说，只有增鲜品、汤料、蘸料、佐餐酱,尚未覆盖中餐烹调的方方面面,远远不能满足市场的需求。因此,非传统调味品行业的发展潜力非常大。

我国调味食品配料行业的业务范围尚需扩展,有些新型行业是调味食品配料企业下一步应该发展的方向,比如豆制品行业,过去只有豆腐、豆制品等产品,现在发展速度最快的是休闲豆腐干产业。在重庆、安徽、贵州和四川等地,近几年涌现出十多家年产值在3～5个亿的休闲豆制品企业,这些即食豆制品都是经过调味和配制的,其调味品和配料的研发和生产必将成为下一个增长点。

总的来说,传统调味品如酱油、食醋的产量保持稳定增长,产销两旺;新型调味品层出不穷,产销量逐年上升,具有广阔的市场空间和发展前景。

下文主要以代表传统调味品的酱油、食醋、盐、味精为例简单介绍。

(1) 酱油

酱油是调味品市场的一大产品,我国酱油年产量约占全球酱油年产量的50%左右,市场年增长率在20%以上。

我国酱油行业目前已经走向两极分化,近五年里,全国性品牌逐渐建立,也有一些企业建立了区域品牌,稳稳掌控着当地的中低端市场,并成为各个地区酱油市场的主导。国际市场上的酱油份额大多数被日本、韩国和中国台湾的企业所占领。

目前全国酱油生产企业有3000多家,达到一定规模的企业比较少,大部分企业规模小而分散,行业集中度很低。酱油行业要发展,首先要解决一个规模化的问题,在市场经济的环境下,规模小的酱油企业会面临越来越大的困难。

为了提高产品产量,我国发明并大力推广了低盐固态发酵酱油的新工艺,由于发酵周期短,蛋白质利用率高,生产成本低等优点,目前我国有三分之二的酱油生产厂采用此法。但低盐固态发酵酱油生产工艺由于发酵温度高,容易产生焦煳味,酱油风味和口感也较差。因此,酱油生产工艺还需要进一步改进。

(2) 食醋

食醋市场是整个调味品市场变化最小、结构最稳定的市场。按照发酵状态来分,生产食醋的主要工艺分为固态发酵工艺和液态发酵工艺。在固态发酵工艺中,又分为全固态发酵工艺和前液后固发酵工艺。全固态发酵是糖化、酒精发酵、醋酸发酵等阶段全部为固态;前液后固发酵是糖化和酒精发酵阶段为液态,醋酸发酵阶段为固态。液态发酵工艺主要有深层发酵、液态浇淋和静置发酵。

按主要原料是否经过蒸煮来划分,则可分为熟料发酵工艺和生料发酵工艺。近年来,一些食醋生产厂在生料制醋生产中,循环利用湿醋渣取得了成功,用湿醋渣代糠80%,这对生料制醋工艺的发展起到有力的推动作用。生料发酵制醋不但适合于固态发酵工艺,也同样适合深层发酵、液态浇淋等各种液态发酵工艺。

随着生物技术的快速发展,特别是许多高效糖化发酵剂的开发应用,为改善生料食醋的风味提供了更有利的条件。最近几年果醋、保健醋也迅速发展起来,占领了一定的市场份额。

(3) 盐

盐既是人们生活的必需品，又是化学工业的基础原料，广泛应用于多个行业，在国民经济中占有重要的地位。我国是世界第二大产盐国，其中海盐产量居世界首位。随着我国国民经济的发展，制盐工业不断进行自我调整，生产总量和科技水平得到很大的提高。目前我国原盐年产量约 6800 万吨，其中井矿盐产量约 4000 万吨。我国生产的加碘食盐 90%以上是井矿盐，加碘食盐产量、质量和用盐安全完全能够得到保障。

由于盐是人类生活的必需品，盐业与国家经济、政治、军事以至社会、文化的发展都有密切关系，因此国家对盐业的控制很严。但制盐行业仍存在很多的问题，集中表现在企业组织结构、产业结构、产品结构、区域布局不合理，企业“多、小、散、弱”的粗放型经营状况依然普遍存在，技术及装备水平薄弱，资源浪费严重，产品附加值不高，劳动生产率低，严重制约了制盐工业的健康发展。

(4) 味精

味精的化学名称为谷氨酸钠，又叫麸氨酸钠，是氨基酸的一种。经过多年的发展，我国味精行业规模不断扩大：2010 年的总产量已达 210 多万吨，占世界总产量的 75%，位居世界第一位，并出口到 50 多个国家。

我国的味精产业在国际微生物发酵产业中已占有一定竞争优势。基于我国目前味精生产工艺及技术水平，对照国外先进水平，我们主要在设备的产能、生产工艺的连续等方面有待提高。

2. 生产工艺不断改进

进入 20 世纪 90 年代，传统调味品生产企业纷纷进行技术改造，引进国际先进设备和技术，提高了产品品牌的技术含量，从而跃上行业先进水平。通过技术改造，在我国形成了一批生产传统调味品、新型调味品和各种复合调味品的较高技术水平和工艺水平的先进企业。

从酱油的生产工艺来说，生物工程酱油已在我国山东投入生产，产出的高盐稀态发酵高档酱油的生产和工艺已达到世界先进水平，其产品已在逐步占领国际市场。从酱油生产设备来说，圆盘制曲机、高短法连续蒸料机、高效连续加热塔在生产中逐步被采用，大大提高了原料利用率，降低了能耗。食醋生产的固态工艺和液态深层发酵工艺也逐步完善和提高，产品风味不断得到改进。

水解植物蛋白和水解动物蛋白工艺的发展和其产品在调味料中的广泛应用，进一步促进了调味品生产的繁荣。用酶法生产水解动物蛋白的工艺技术，使产品营养丰富，水溶性好，极易被人体消化吸收，且能耗低，成本低，为调味品的加工提供了新的原料。其他各种从动植物中提取天然调味料技术的应用，为提高产品质量和产品附加值提供了条件。同时企业根据市场需求，改进生产条件，有些传统产品已实现了现代化连续生产。

另外，随着科学技术的进步，各种新技术如生物酶解技术、固定化酵母技术、膜技术、萃取技术、微胶囊技术不断地被应用于调味品生产中，提高了产品质量和包装水平，做到了与国际接轨。

3. 产品结构调整取得一定成绩

由于人们生活水平提高很快，对调味品要求越来越高，促使生产企业进行技术改造、设备更新、包装改革，丰富了调味品的品种规格。国有调味品企业在深化改革中逐步建立了现代企业制度，民营调味品企业发展迅猛。

与此同时，国际上著名的跨国食品集团开始涉足国内的调味品行业，在国内频频展开收购、兼并，如达能控股的上海淘大食品公司收购上海海鸥酿造公司的酱油生产车间、品牌和上海金山食品酿造厂，使其酱油年产量达到10万吨；美国亨氏集团收购广东美味源食品厂后，正欲向北方扩张；瑞士雀巢集团已入主上海太太乐公司和四川豪吉公司，成为大股东；联合利华集团在收购老蔡酱油公司后正谋求新的发展，家乐品牌的鸡精和铁强化酱油等产品已上市销售；香港李锦记集团在广东新会的4万吨高档酱油生产线已投产。这些跨国食品集团的国际意识不断增强，注重加强国际间的合作与交流。随着经济全球化进程的加快，国内一些调味品企业也加大了引进国外技术与资金的力度，学习国外先进的管理经验，立足国内并注重开拓国际市场，也取得一定成绩。

目前，市场上酱油、醋、酱、腐乳、味精等传统调味品的市场规模增长有限，新型调味品层出不穷，产品结构调整明显。调味品行业主要向以下十个方面发展：高档传统调味品的生产；方便面调料和汤料的生产；复合调味料的生产；快餐食品调料的生产；加工肉类、鱼类、海鲜食品的调料的生产；加工各种小食品的调料的生产；速冻食品调料的生产；西餐方便调料的生产；新型味精的生产；各种食品添加剂及食品工业用原料的生产。

4. 质量管理和标准化工作进一步加强

近年来，国家质监局发布了酿造酱油、酿造食醋的国家标准，加上之前发布的配制酱油、配制食醋和酸水解植物蛋白调味液的行业标准，至此，中国调味品协会推出了我国调味品行业五个新的配套标准。五个新标准的发布实施，与我国现有的《酱油卫生标准》、《食醋卫生标准》和《调味品卫生管理办法》相结合，完善了我国调味品标准体系，是近年来我国调味品行业的一件大事，也是标志着我国调味品行业标准化管理的里程碑。

配套发布的五个调味品标准，是我国第一次颁布酿造酱油、酿造食醋的国家标准，第一次颁布配制酱油、配制食醋的行业标准，从而有利于对酿造和配制两种产品制造技术给以规范管理；第一次颁布酸水解植物蛋白调味液行业标准，首次把酸水解植物蛋白调味液的产品标准及管理工作列入国家行业标准的管理范畴，并与卫生部颁布的《调味品卫生管理办法》相配套，使我国的酸水解植物蛋白调味液的生产有标可依。新发布的五个标准中首次采用条文强制形式，这是我国食品工业标准化管理的一项新内容，在调味品行业管理工作中可以说是正逢其时，对指导调味品工业的发展有着十分重要的作用和意义。

2009年我国对食品行业也颁布了一系列政策法规，比如对食品质量实行安全市场准入政策，发布了一些调味品的行业标准等，这些政策法规对食品行业、尤其是调味品行业有一定的促进作用。同时，我国的调味品消费市场正在朝着多样化、高档化、方便化、复合化、营养化趋势发展，面对调味品行业如此广阔的发展前景，企业要制定好自己的发展战略。

5.出现的问题

调味品作为传统行业，准入门槛低，企业规模大小不一，产品种类多种多样，产品质量良莠不齐，卫生水平差距较大，呈现出龙头企业、大企业与小作坊共存的局面。目前我国多数调味品厂为中、小型企业，产权关系不清，企业管理水平参差不齐。有的调味品企业在转换机制过程中调整不力，多种经营没有成效，反而放弃了主业发展；有的著名品牌没有发扬光大；还有的企业不熟悉行业情况，盲目决策，造成投资失误。大部分企业的生产设备规格和工艺技术水平提高比较缓慢，科技研究相对滞后，科研人才流失比较严重，总体上与国际水平存在着差距。

市场上调味品的产品质量问题比较突出，假冒伪劣情况比较严重，调味品行业管理工作在很多省、市流于形式。随着城市打假工作力度的加大，假冒伪劣产品有向农村转移的趋势，市场监管的任务日益繁重。

目前，调味品行业内人才较为缺乏，调味品经销商素质良莠不齐，难于管理，压价、窜货问题时有发生，影响了产品销售，也无形中缩短了产品的生命周期。

调味品行业的发展趋势十分明确，但总体而言，我国调味品的产品开发方面仍然有待加强，生产设备规格和操作工艺水平有待提高，整个行业仍有较大的发展空间。

（二）调味品的安全现状

调味品的质量安全与食品安全密切相关，这是因为调味品直接为终端食品提供原料。随着一些重大食品安全事件的发生，使我们更加关注食品中可能存在的安全隐患，而由调味品引发的食品安全问题也不容小觑。

由于我国调味品生产企业规模大小不一，管理不严格，就导致市场上的产品质量问题比较突出，假冒伪劣情况比较严重。其中比较突出的安全问题有：

(1)食品添加剂超范围和超量使用，主要是防腐剂和着色剂；

(2)微生物含量超标，如黄曲霉毒素；

(3)非食用物质的添加，例如，为增加蛋白质含量而添加的尿素、为染色而添加的苏丹红和玫瑰红、勾兑食醋的工业乙酸、味精中添加的硫化钠等。

第二节　有关调味品的重大安全事件举例

一、化学酱油

1. 致癌物质三氯丙醇

2011 年 8 月 10 日，香港媒体曝出，市场上有一种可能致癌的“化学酱油”。这种化学酱油由多种化学品调配而成，主要配料有：砂糖、精盐、味精、酵母抽取物、水解植物蛋白液、肌苷酸及鸟苷酸，它与酿造酱油的口味和质感都相差无几。香港城市大学生物化学系教授指出，化学酱油是不含任何酿造酱油、只用化学物配制的酱油，它也是酱油，只是制作原料和工艺不同。其中的配料水解植物蛋白液的生产过程中很容易融入致癌物质三氯丙醇。

按照我国配制酱油行业标准，配制酱油中酿造酱油的比例不得少于 50%，配制酱油中三氯丙醇的含量应在 1mg/kg 以下。而不含任何酿造酱油、只用化学物配制的化学酱油是违规的不合格产品。

目前市场上的酱油按生产工艺可分为酿造酱油和配制酱油，按国家标准规定，所有酱油产品必须按其制作工艺注明，未标明的都视为不合格产品。经微生物发酵制成的酿造酱油理论上不会含有三氯丙醇，而配制酱油因添加少量水解植物蛋白液，有可能会产生致癌物质三氯丙醇，当其含量达到一定浓度时，对人的肝、肾、血液系统和生殖系统等均有毒副作用。

2011 年，山东省有关部门对当地酱油市场的质量抽查结果显示，41 个样品里除 8 个未检出三氯丙醇外，其他样品均含有三氯丙醇，检出率为 80%。含有三氯丙醇的酱油全是配制型酱油，其中三氯丙醇含量在国家规定的控制标准 1mg/kg 以上的有 30 个，含量在 10mg/kg 以上的有 8 个，且大多数配制酱油没有按照国家标准在商标上注明。

目前，国家酱油食品安全标准正在修订中，新标准将严格按照食品安全法要求制定相关的包括污染物在内的各项指标。新标准将对酱油中三氯丙醇的含量有更严格的要求，且严格规定配制酱油的标注说明形式。

2. 致癌物质黄曲霉毒素

酿造酱油的原料主要是大豆等粮食作物，如果存储不当，原料容易发生霉变，产生黄曲霉毒素。黄曲霉生长繁殖的最适宜温度为 13℃～25℃，最适宜相对湿度为 70%～90%，大豆等粮食作物的水分含量在 17%～18%时是黄曲霉生长繁殖的最适条件。南方地区黄曲霉发生率要高于北方，特别是梅雨季节，黄曲霉容易生长。原料长时间仓储或仓库潮湿、漏雨，库存过多且不注意通风、干燥，打扫卫生不彻底等因素，都为黄曲霉毒素的产生创造有利的条件。

黄曲霉毒素对人畜的肝脏损害作用非常大，它能引起肝脏的病理变化如肝细胞变性、肝坏死、肝纤维化、肝癌等。我国酱油行业标准中规定黄曲霉毒素 B1 的含量 $\leqslant 5\mu g/kg$。

另外，酿造酱油制曲、发酵过程中起主要作用的是曲霉菌，其次是细菌和酵母菌。从食品安全方面考虑，所用霉菌需要具有以下特点：不产生真菌毒素；符合食品卫生要求；菌丝体长而白，有利于成型，培养条件粗放；有较多的酶系，生长温度宽，利于常年生产。而现今发酵过程一般采用传统自然发酵方式，制曲时杂菌数量多，生产周期长，生产季节性很强，还没有实现产业化和自动化，发酵终产品的微生物杂菌数量多，存在较大的安全隐患。

3. 苯甲酸残留

酱油是一种低酸性食品，酸度在 pH4.7～4.9，为了防止感染微生物而变质，应在酱油产品灭菌后添加一定量的防腐剂。目前食品行业使用的防腐剂分有机与无机两大类。酱油产品一般使用苯甲酸及其钠盐和山梨酸及其盐类，最常用的是苯甲酸钠。

另外，由于酱油酿造过程中，微生物将大豆（或豆粕）及小麦（或面粉）中的蛋白质水解为各种氨基酸，其中苯丙氨酸继续代谢可以生成苯丙酮酸、苯乙酸及苯甲酸。因此，酿造酱油中会存在微量苯甲酸。

苯甲酸及苯甲酸盐在人体内能与甘氨酸反应生成马尿酸排出体外，对人体毒性小，但如果过量摄入，容易消耗人体内的解毒物质，干扰人体正常代谢，因此，需严格按国家食品卫生规定使用。

4. 铵盐残留

成品酱油中的铵盐残留主要来源于两个方面，其一是发酵过程中，蛋白质异常发酵即腐败，此时生成的氨基酸会继续降解，发生脱氨基或脱羧基反应，这种过度发酵会导致酱油中游离氨和铵盐的增加，产生异味。其二是由着色剂带入的铵盐。酱油所用的着色剂名为焦糖色素，或称为酱色色素，是与酱油颜色相似的一种食品着色剂，目的是用来提高酱油的棕红色调，增加酱油的色感。如果着色剂在生产中使用以铵为反应底物的催化剂，则会不可避免地增加酱油中铵盐的含量。

摄入过多的铵盐在一定条件下可对人体产生毒副作用，影响人的肝、肾功能，增加患癌危险，并诱发心脏病。

二、勾兑出来的“老陈醋”

2011 年 8 月，山西醋产业协会专家在接受采访时说：市面上的“老陈醋”有相当一部分都是勾兑醋。正规酿造老陈醋制造时先要对大米等原材料高温酒化然后醋化，需要经过较长时间的发酵，酿醋的周期一般是28天左右。而用冰醋酸或者醋精勾兑的醋则完全不需要发酵，只要一天甚至更短的时间就能完成生产。勾兑醋虽标明老陈醋，但有一个简单的方法可以辨别，如果配料成分有防腐剂的话，就基本可以断定它不是老陈醋。因为正宗的老陈醋不用添加任何防腐剂，久放不腐。

我国出台的配制食醋国家标准规定，配制食醋必须是以酿造食醋为主体，与食用冰醋酸、食品添加剂混合配制而成的调味醋。标准同时强调，企业在生产配制醋时不得使用工业冰醋酸。行业内的配制食醋标准中规定：配制食醋中酿造食醋的比例不得低于50%。

正常酿造的食醋一般是以粮食为原料，通过微生物发酵酿造而成，这种酿造食醋不但含有许多对人体有益的酵素和微量元素，还具有调节口感、刺激食欲的功能，此外还具有很好的保健作用。而勾兑醋中的冰醋酸却没有营养方面的功能，勾兑比例掌握不好的话，还会对人体造成伤害。

冰醋酸其实就是99%浓度的醋酸，而勾兑食醋就是由冰醋酸稀释而成。用食品级冰醋酸勾兑制成的食醋只要符合国家标准，对人体并没有危害，但一定要标明是“配制食醋”。如果把配制食醋当成酿造食醋来卖，就属于欺诈行为，而用非食品级原料来勾兑就会产生食品安全问题，属于违法行为。假如勾兑食醋中的醋酸含量过高，酸性过大，会对人体的口腔、胃肠道造成一定刺激，引起身体不适，严重的还会灼伤喉咙，特别是对于胃肠功能较弱的人群会引起刺激性反应。

三、工业“食”盐

2004年11月12日，山东省即墨市公安局查获工业盐753包、假造加碘盐115包，共计40余吨；2009年7月，云南大理州南涧县公安局查获无证运输的工业用盐40袋，共2000千克；2011年6月30日，山东德州市盐务局根据群众举报，在市区四家饭店查获300千克私盐，这些私盐中有的是劣质盐，有的是工业用盐，对人身健康危害很大。

工业用盐的纯度较低，价格也相对便宜，每千克仅为0.2元。在暴利驱使下，一些不法商贩铤而走险，将工业用盐重新包装成食用盐，然后向监管困难的偏远农村或者饭店、工地进行销售。

食用工业用盐或劣质盐会导致人体碘元素缺乏、胃肠道功能紊乱，损害神经系统健康，可能导致老百姓非常熟悉的大脖子病。另外，工业盐含杂质极多，且重金属含量超标，特别是对孕妇和儿童危害非常大。

四、“神奇”的牛肉膏

牛肉膏，又称牛肉精膏，是将牛肉经过一定加工而得到的一种棕黄色至棕褐色的膏状物。牛肉膏有牛肉自然香味，易溶于水，水溶液呈淡黄色。其主要成分是肌酸、肌酸酐、多肽类、氨基酸类、核苷酸类、有机酸类、矿物质类及维生素类的水溶性物质，是一种增香型食品添加剂，其作用和用途类似于鸡精。将猪肉抹上一层牛肉膏，短短5分钟后，肉的表面就呈现出与牛肉近似的颜色，闻起来也有十足的牛肉味。将猪肉用牛肉膏腌制后，若再加进胭脂红等色素，就更像牛肉了，让人难以分辨。

因为市场上牛肉的售价要高于猪肉，部分商贩把猪肉“变成”牛肉出售，以牟取暴利，这是一种商业欺诈行为。

其实在这起案件中，牛肉膏本身并没有错，只是不法分子把它用到了不该用的地方，属于合法食品添加剂的不规范使用问题。

五、一滴就能变香

1.“一滴香”

“只需一滴，清水就能变高汤”？在调味料“一滴香”的外包装上，广告语十分夸张，而其生产工艺则被介绍为“选用国内最先进的生产制作技术，将新鲜的骨头、骨髓高温浓缩萃取，通过二次调香、生香精制而成”。

打开包装，一股浓浓的鸡肉香味就飘了出来。该产品是液体，呈油状，看上去跟食用油差不多。据了解，“一滴香”使用方便，只用在清水里滴上一滴，整锅清水就比鸡汤还要香。由于其低廉的价格和显著的增香效果，被不正规的小饭店争相使用。

《中国质量报》曾报道称，食品专家基本可以断定，“一滴香”是通过化学合成反应或用化学品直接调和的方法做出来的，其营养价值十分有限。全国工业品生产许可查询机构也已经表示，“一滴香”属化学工业制品，食用后对人体损害非常大，会损伤肝脏，还可能致癌。

2.“辣椒精”和“火锅红”

2010年12月，一篇有关火锅底料的报道，让我们看清了火锅“香得够味、辣得过瘾”的真面目。据干货批发市场的老板称：“火锅飘香剂”是开火锅店的必备“秘籍”，因为这种飘香剂只要拨一点到火锅中，就香味四起，让人非常有食欲，“比‘一滴香’效果好多了”。而想让火锅“辣得过瘾”，还有两个“法宝”，那就是“辣椒精”和“火锅红”。老板介绍说，两个产品是搭配起来用的，前者保证在少放辣椒的情况下让食客辣得过瘾，而后者可以在几乎不放辣油的情况下让火锅“红”起来。老板解释说，这些都是提味的东西，可以让人吃了过口不忘。

记者在采访中发现，在多家干货批发市场内，类似于给火锅增色增味的添加剂几乎随处都有销售，而对于其有无危害，这些摊点的老板都信誓旦旦地指着“QS”标志发誓说没问题。然而记者对产品上所标注的QS认证号码进行查验的时候发现，虽然部分厂家厂名可以查到，但是其QS号码却无法查询。对此，相关质监部门表示，很有可能这些添加剂就是“挂羊头卖狗肉”，在盗用正规厂家的名号销售。

“辣椒精”的学名叫做辣椒油树脂，是从辣椒中提取、浓缩加工而得的一种产品，具有强烈的辛辣味，被用来制作食品调料。它除了含有辣椒的辛辣成分之外，还含有辣椒醇、蛋白质、果胶、多糖、辣椒红色素等百余种复杂的化学物质。辣椒精并不是非法添加剂，但因为是辣椒中辣味物质的浓缩产品，它可以制造出天然辣椒所不能企及的高辣度，所以易对人的皮肤、眼睛、口腔、呼吸道和消化道产生损伤。

“辣椒精”和“火锅红”等添加剂，它们的主要成分是人体不宜超标食用的物质，而不正规的火锅店却将其当做“法宝”使用。火锅店只用少量化学添加剂调制出的“化学火锅”，对人体健康有害无益。

第八章　饮料的安全生产

第一节　饮料的生产及安全现状

根据国家标准 GB 10789-2007《饮料通则》和饮料产品生产许可证审查细则(2006 版),饮料是指经过定量包装的,供直接饮用或用水冲调饮用的,乙醇含量不超过质量分数 0.5%的制品,不包括饮用药品。

随着我国居民生活水平的不断提高,饮料的生产和消费呈现持续快速增长的态势。1980 年,我国饮料年产量不到 30 万吨,2008 年年产量超过 6000 万吨,2009 年超过 8000 万吨,年均增长速度在 20%以上。我国饮料行业在 20 世纪 80 年代初期生产管理水平低、工艺设备落后、产品品种单一的状况得到彻底改变,整个行业的生产管理技术、标准规范、产业规模、质量安全水平和消费理念都得到了很大的发展。截至 2010 年 2 月,全国已有 15000 多家企业获得饮料产品生产许可证,饮料行业已经发展成为食品工业不可或缺的组成部分,占有举足轻重的地位。

(一) 饮料的分类

根据饮料产品生产许可证审查细则,我国饮料产品可分为七个品种,即瓶(桶)装饮用水类、碳酸饮料(汽水)类、茶饮料类、果汁和蔬菜汁类、蛋白饮料类、固体饮料类、其他饮料类。

瓶(桶)装饮用水也称为包装饮用水,是指密封于容器中可直接饮用的水。包装泛指用于装水的包装容器,包括塑料瓶、塑料桶、玻璃瓶、易拉罐、纸包装等。包装饮用水分饮用天然矿泉水、饮用天然泉水、其他天然饮用水、饮用纯净水、饮用矿物质水和其他包装饮用水六种。

碳酸饮料(汽水)是指在一定条件下充入二氧化碳气的饮料,不包括由发酵法自身产生二氧化碳气的饮料。其成品中(20℃时容积)二氧化碳容量不低于 2.0 倍。碳酸饮料产品分果汁型、果味型、可乐型、低热量型及其他型五种。碳酸饮料因含有二氧化碳气体,不仅能使饮料风味突出,口感强烈,还能使人产生清凉爽口的感觉,是人们在炎热的夏天消暑解渴的优良饮品。

茶饮料是指以茶叶的水提取液或其浓缩液、茶粉等为原料，经加工制成的饮料。按原辅料种类和加工方法的不同，茶饮料产品分茶饮料（茶汤）、茶浓缩液、调味茶饮料、复（混）合茶饮料四种。茶饮料含有一定量的天然茶多酚、咖啡碱等茶叶有效成分，既具有茶叶的独特风味，又兼具营养、保健功效，是一类天然、安全、清凉解渴的多功能饮料。

果汁和蔬菜汁饮料是指用水果和（或）蔬菜（包括可食的根、茎、叶、花、果实）等为原料，经加工或发酵制成的饮料。果汁和蔬菜汁饮料产品分果汁（浆）和蔬菜汁（浆）、浓缩果汁（浆）和浓缩蔬菜汁（浆）、果汁饮料和蔬菜汁饮料、果汁饮料浓浆和蔬菜汁饮料浓浆、复合果蔬汁（浆）及饮料、果肉饮料、发酵型果蔬汁饮料、水果饮料、其他果蔬汁饮料九种。果蔬汁是果蔬的汁液部分，含有果蔬中各种可溶性营养成分如矿物质、维生素、糖、酸等和果蔬的芳香成分，因此营养丰富、风味良好。

蛋白饮料是指以乳或乳制品，或有一定蛋白质含量的植物的果实、种子或种仁等为原料，经加工或发酵制成的饮料。蛋白饮料产品分含乳饮料、植物蛋白饮料和复合蛋白饮料三种。

固体饮料是指用食品原料、食品添加剂等加工制成粉末状、颗粒状或块状等固态的供冲调饮用的制品。固体饮料是相对饮料的物理状态而言的，是饮料的一个特殊品种，具有体积小、速溶性好、保存性好等特点。固体饮料产品分蛋白型固体饮料和普通型固体饮料两种。前者以乳及乳制品、蛋及蛋制品等动植物蛋白为主要原料，添加或不添加辅料制成的、蛋白质含量大于或等于4%的制品，如豆奶粉、核桃粉、麦乳精等。后者以果汁或经烘烤的咖啡、茶叶、菊花、茅根等植物提取物为主要原料，添加或不添加其他辅料制成的、蛋白质含量低于4%的制品，如酸梅粉、橘子粉、菊花精、速溶咖啡、速溶茶粉、茅根精、姜汁粉等。

其他饮料是指上述六类饮料之外的饮料类别。

（二）饮料的质量安全状况

由于我国社会经济发展不平衡，地区之间、城乡之间存在较大差异，饮料行业也存在发展不平衡的问题，市场上的饮料产品质量良莠不齐。相比较而言，发达地区、大型知名企业生产的饮料产品的整体质量安全水平相对较高，而落后地区、小型企业和小作坊生产的饮料产品的整体质量安全水平较低。

1.瓶（桶）装饮用水类

瓶（桶）装饮用水产品常见问题主要表现在：

(1)纯净水的微生物污染。目前一般采用臭氧来处理纯净水，其基本原理是将臭氧与水混合，并使其在水中浓度最终达到0.5 mg/L，以满足杀菌要求。根据此参数，企业应根据生产时实际的用量来推算臭氧发生量。另外，还必须考虑生产时设备的可操作产量，如长时间使用后设备性能下降，应适当调节。通入足够能达到杀菌要求的臭氧剂量以及保证杀菌操作维持的时间等，是达到杀灭水中微生物强度的最基本因素。

(2)饮用天然矿泉水的溴酸盐含量超标。2009年10月1日实施的国家标准GB 8537-2008《饮用天然矿泉水》中规定溴酸盐含量不能超过0.01mg/L。溴酸盐是世界卫生组织认定的2B类可疑致癌物，其产生的原因是，水中含有的溴化物达到一定量时，制水工艺中使用的臭氧消毒剂就会与之反应产生溴酸盐。

目前国内矿泉水生产厂家采取的主要措施有两种，一是采取监控源水中溴化物含量，严格控制臭氧浓度及氧化时间，增加必要的紫外线消毒设施，投加CO_2等措施，来控制溴酸盐的产生。二是改进水处理工艺，采用其他安全可靠的杀菌技术替代臭氧消毒。

2. 碳酸饮料(汽水)类

碳酸饮料(汽水)类产品常见问题主要表现在：

(1)存在杂质，包括不明显杂质、明显杂质、使人厌恶杂质。如水质引起汽水沉淀的主要原因有水质硬度过高；水中存在的铜、铁等金属离子导致沉淀；防腐剂和柠檬酸的投料顺序不当产生浑浊或沉淀；异物污染等。

(2)二氧化碳含量低，可造成一些汽水后来的变质。

(3)汽水带辣味。由于汽水甜味剂的添加量不足造成甜味、香味不足，喝下去之后很快返气，使人感觉有辣味。

(4)汽水带苦味。有些碳酸饮料所用香精含易挥发的萜类物质，与二氧化碳作用会破坏原有的果香味而变苦。

3. 茶饮料类

茶饮料类产品常见问题主要表现在：

(1)茶饮料混浊沉淀。茶的浸出液冷却后，会出现絮状混浊，该现象称为"冷后浑"，其中形成的沉淀物称为茶乳。产生该现象的原因主要是在一定条件下茶多酚与咖啡碱形成缔合物。

(2)茶汤褐变。在pH、氧气、金属离子等因素的影响下，茶浸出液中的叶绿素、黄酮类物质、儿茶素等物质发生一定理化变化，颜色变深。

(3)茶汁风味变化。茶汁风味主要取决于风味物质(茶多酚、氨基酸、咖啡碱等)的组成及含量。实际生产中，茶叶本身的品质和贮存条件，浸提时采用的温度、时间等条件，茶汁的pH及茶汁的澄清方法等因素均会影响到茶饮料的风味。

(4)香气成分的劣变。茶叶中含有丰富的芳香物质，但这些物质热稳定性较差，经茶饮料的热加工处理后，芳香物质的含量减少并会产生一些其他物质，从而影响茶饮料的香气品质。

4. 果汁和蔬菜汁类

果汁和蔬菜汁类产品常见问题主要表现在：

(1)果蔬汁的败坏。果蔬汁败坏一般是由细菌、酵母菌、霉菌等微生物引起，常表现为表面长霉、发酵，同时产生二氧化碳、醇或醋酸等物质。

(2)果蔬汁的变味。与果蔬汁接触的生产用具和设备，最好采用不锈钢材料，避免金属离子进入果蔬汁中导致变味。

(3)果蔬汁的色泽变化。果蔬汁出现的变色有三种类型:本身所含色素的改变、酶促褐变和非酶褐变。本身所含色素的改变,比较常见的是绿色蔬菜汁中的叶绿素在酸性条件下脱色,橙黄色饮料中胡萝卜素在光敏氧化作用下褪色,以及含花青素饮料的褪色。酶促褐变主要发生在破碎、取汁、粗滤、泵输送等工序过程中,原理是有氧条件下果蔬中的氧化酶催化变色,防止方法有加热钝化酶的活性、添加抗氧化剂或有机酸、隔绝氧气。非酶褐变主要发生在果蔬汁的贮藏过程中,通常是由还原糖和氨基酸之间发生美拉德反应引起,防止措施是避免过度热处理,采取低温或冷冻贮藏。

(4)果蔬汁饮料的混浊与沉淀。通常是由于澄清处理不当或微生物的因素,生产过程中主要通过均质处理细化果蔬汁中的悬浮粒子和添加一些增稠剂来提高产品的黏度等措施,从而保证产品的稳定性。

5.蛋白饮料类

蛋白饮料类产品常见问题主要表现在:

(1)发酵型含乳饮料及乳酸菌饮料的风味缺陷,如来源于原料乳的异臭、脱脂奶粉变质引起的粉臭、加热臭、焦糖臭等。

(2)发酵型含乳饮料及乳酸菌饮料的沉淀及分层,可能的原因是稳定剂使用不当、均质效果不好或者发酵过程控制不到位。

(3)大豆中的脂肪氧化酶的作用容易产生豆腥味。

(4)产生豆乳的苦涩味。这主要是因为苦涩味物质(大豆异黄酮、大豆蛋白水解物、大豆皂苷)的存在,可以在低温下添加葡萄糖酸-δ-内酯来钝化酶的活性,能达到去除苦涩味的目的。

(5)产生豆乳的沉淀现象。大豆研磨时应该达到一定细度,而做好均质处理可以显著提高产品的口感和稳定性,就能有效避免豆乳沉淀。

6.固体饮料类

固体饮料类产品常见问题主要表现在:

(1)变味、变色。固体饮料产品出现变味主要是氧化作用导致的,例如产品中的脂肪被氧化使产品变味。必须严格控制工艺参数,尤其是杀菌温度和保温时间,必须使解脂酶和过氧化物酶的活性丧失,还要严格控制产品的水分含量,保证包装的密封性,并且贮存在阴凉、干燥的环境中。

(2)有杂质。由于原料净化不彻底,或者生产过程中受到二次污染,或者温度过高产生焦粉等原因,导致固体饮料产品出现杂质度过高的现象。

(3)速溶性差。将产品颗粒喷涂卵磷脂,或者适当增大颗粒直径,尽量使产品颗粒直径均一,可以有效改善固体饮料产品的速溶性。

(4)结块。固体饮料的包装在开封以后内容物很容易结块,这是由于一般的固体饮料含水量都比较低,在外界环境湿度稍高时,就会吸收水分导致结块。因此,固体饮料在生产、包装、运输、贮存时,都很注意防潮。预防固体饮料结块的有效措施是:

一般包装间的相对湿度应控制在45%以下;应选用阻气性好的材料或复合材料来制作包装物;在配料中使用酸时,应选用无水柠檬酸或酒石酸。

第二节　饮料生产中常用的食品添加剂

饮料生产中常用的食品添加剂有防腐剂、着色剂、甜味剂、酸味剂、增稠剂、乳化剂等。

(一)防腐剂

防腐剂是用于保持食品原有品质和营养价值的食品添加剂,它能抑制微生物的生长繁殖,延缓食品腐败变质,从而延长保质期。食品防腐剂在被批准使用前都经过了大量的动物毒性毒理实验和鉴定,已证实在正确使用的前提下对人体不会产生任何急性、亚急性或慢性危害。

目前在市场上所见到的食品中通常会添加山梨酸钾、苯甲酸钠这两种应用最广泛的防腐剂,它们被人体摄入后,一般会随尿排泄,并不会在人体内蓄积。但是,目前食品生产中使用的防腐剂绝大多数都是人工合成的,使用不当会有一定的副作用。有些防腐剂甚至含有微量毒素,长期过量摄入会对人体健康造成一定的损害。即使是国际上公认的安全防腐剂山梨酸和山梨酸钾,过量摄入也会影响人体新陈代谢的平衡。因此,一定要严格按规定使用食品防腐剂。

1.苯甲酸及其盐类

苯甲酸及其盐类一般为白色颗粒或结晶粉末,无臭或略带安息香的气味。其防腐机理是该类化合物亲油性大,易穿透微生物的细胞膜进入细胞体内,干扰细胞膜的通透性,抑制细胞膜对氨基酸的吸收,并抑制细胞的呼吸酶系的活性,从而达到防腐的目的。

苯甲酸及其盐类的防腐最佳pH为2.5～4.0,在pH5.0以上的食品中杀菌效果不是很理想。因为其安全性只相当于山梨酸钾的1/40,国际上对其使用一直存有争议。比如,因为已有苯甲酸及其钠盐造成人体蓄积中毒的报道,欧共体儿童保护集团认为该类化合物不宜用于儿童食品中,日本也对其使用做出了严格限制。

2.山梨酸及其盐类

山梨酸及其盐类一般为白色或微黄色结晶粉末。该类化合物为酸性防腐剂,具有较高的抗菌性能,其主要是通过抑制微生物体内的脱氢酶系统,从而达到抑制微生物和防腐的作用,对细菌、霉菌、酵母菌均有抑制作用。防腐效果明显高于苯甲酸类化合物,是苯甲酸盐的5～10倍。该类产品毒性低,因此被广泛使用于各类食品中。

防腐效果随 pH 的升高而减弱，pH 为 3 时防腐效果最佳，pH 达到 6 时仍有抑菌能力，但最低浓度不能低于 0.2%。

3. 对羟基苯甲酸甲酯

对羟基苯甲酸甲酯为白色或无色结晶粉末，又名水杨酸甲酯，因其最早是从香珠木中提取的香料液，所以又名香珠木油。现在是公认的广谱性高效食品防腐剂，广泛应用于调味品、腌制品、烘焙食品、酱制品、饮料、黄酒中，并用于果蔬保鲜等。

经口吸收后，对羟基苯甲酸甲酯很快通过肝脏代谢为葡萄糖酸化物排到体外，血中半减期为 2～3 小时。其公认的每日允许摄入量最高为 10mg/kg，在碳酸饮料中允许的最大使用量是 200mg/kg，因此在一般防腐剂使用范围内它是很安全的，而且所用剂量仅为常用防腐剂如苯甲酸钾的 1/3，甚至 1/10。所以，对羟基苯甲酸甲酯是一种经济实用的防腐剂。

4. 纳他霉素（又称霉克）

纳他霉素是一种天然、广谱、高效、安全的丝状真菌抑制剂，它不仅能够抑制真菌，还能防止真菌毒素的产生。纳他霉素对人体无害，很难被消化道吸收，而且微生物很难对其产生抗性，同时因为其溶解度很低等特点，通常用于食品的表面防腐。纳他霉素是目前唯一的抗真菌微生物防腐剂，1997 年我国卫生部正式批准其为食品防腐剂，主要应用于乳制品、肉制品、发酵酒、饮料等食品的生产和保藏。

（二）着色剂

1. 食用天然色素

(1)焦糖色素

焦糖色素又称为焦糖色或酱色，是糖类物质在高温下脱水、分解和聚合生成，为许多不同化合物的复杂混合物，是人类使用历史最悠久的食用色素之一。我国已经明确规定，用铵盐法生产的焦糖色素因毒性较大不允许使用，非铵盐法生产的焦糖色素可用于罐头、糖果和饮料等。

(2)β-胡萝卜素

β-胡萝卜素为紫红色或暗红色晶体粉末，稀溶液呈橙黄色或黄色，浓度增大时呈橙色至橙红色。目前市售商品一般为化学合成法生产，也可利用发酵法生产或从天然物中提取。

(3)栀子黄色素

栀子黄色素为黄色至橙黄色结晶粉末，易溶于水，不溶于油脂。色调不随 pH 的变化而变化，特别是在偏碱性环境中黄色更鲜艳，在偏酸性环境中可能会发生褐变。该色素的耐金属离子性、耐光性、耐热性、耐盐性、耐还原性、耐微生物性均较好，但是与铁离子反应会变黑。栀子黄色素对蛋白质及淀粉染着效果好，对亲水性食品也有良好的染着力。

(4)红花黄色素

红花黄色素是红花中所含的黄色色素，为黄色或棕黄色粉末，易溶于水，0.02%

水溶液呈鲜艳黄色，随色素浓度增加色调由黄色转向橙黄色。该色素在酸性溶液中为黄色，在碱性溶液中为橙黄色。红花黄色素水溶液的耐热性、耐还原性、耐盐性、耐细菌性等均较强，但耐光性较差。水溶液遇钙、锡、镁、铜、铅等离子会褪色或变色，遇铁离子变黑。对淀粉的着色性能好，对蛋白质的着色能力较差。用于液体饮料时，可与L-抗坏血酸合用，以提高色素的耐光性和耐热性。

(5)叶绿素铜钠盐

叶绿素铜钠盐是将提取的叶绿素经过皂化、铜化等反应，再经过精制而成。叶绿素铜钠盐是暗绿色水溶性液体或墨绿色粉末，具有天然绿色植物的色调，着色力强，对光、热稳定性稍差，但在固体食品中稳定性较好。在 pH＜6 的溶液中有沉淀产生，比较适用于中性或碱性食品，参考用量一般为 0.2‰～1‰。

2.食用合成色素

(1) 苋菜红色素(食用红色 2 号)

苋菜红色素是紫红色粉末，易溶于水，0.01％水溶液为玫瑰红色，对柠檬酸、酒石酸稳定，在碱性溶液中变暗红色。其耐光性、耐热性、耐盐性、耐酸性良好，耐氧化性、耐还原性差，遇铁、铜离子褪色，易被细菌分解，不适合于发酵食品，着色力弱。

(2)胭脂红色素(食用红色 7 号)

胭脂红色素是红色或深红色均匀粉末或颗粒，易溶于水。其耐光性、耐热性、耐酸性强，耐还原性弱，遇碱变褐色，耐细菌性差，着色力弱。最大使用量为 0.025g/kg～0.10g/kg。

(3)柠檬黄色素(食用黄色 4 号)

柠檬黄色素是橙黄色粉末，易溶于水，0.1％水溶液为黄色，在柠檬酸、酒石酸中稳定，遇碱稍变红。其耐光性、耐热性、耐盐性好，耐氧化性、耐还原性差，易着色，坚牢度高。最大使用量为 0.02g/kg～0.10g/kg。

(4)日落黄色素(食用黄色 3 号)

日落黄色素是橙红色粉末或颗粒，易溶于水，水溶液呈黄橙色。其耐热性、耐光性强，还原时易褪色，遇碱变红褐色，易着色，坚牢度高。最大使用量为 0.1g/kg～0.2g/kg。

(5)靛蓝色素(食用蓝色 1 号)

靛蓝色素是深蓝紫色粉末，易溶于水。其耐热性、耐光性、耐酸性、耐碱性、耐氧化性、耐还原性均较差，耐盐性及耐细菌性较弱，着色力强。最大使用量为 0.01g/kg～0.20g/kg。

(6)亮蓝色素(食用蓝色 2 号)

亮蓝色素是红紫色粉末或颗粒，易溶于水。其耐光性、耐热性好，对酸、碱稳定，耐盐性好，耐还原性较强，但水溶液加金属盐后会缓慢地沉淀。最大使用量为 0.02g/kg～0.10g/kg。

（三）甜味剂

饮料中常用的甜味剂包括蔗糖、果葡糖浆、糖醇类物质、糖苷类物质、甜蜜素、阿斯巴甜、糖精、安赛蜜等。

1. 蔗糖

蔗糖是由甘蔗或甜菜制成的产品。按晶粒外形和色泽的不同，可分为红糖、白砂糖、绵糖、冰糖、方糖等。人们食用蔗糖以后，经过消化，蔗糖水解成葡萄糖和果糖被人体吸收利用，产生热能，维护生理机能。软饮料中通常使用带有糖的质量分数刻度的糖量计；由于蔗糖水溶液具有光学特性，故也可利用其旋光性测定糖度。

关于蔗糖与健康的关系的争论持续已久，不少人认为食糖摄入过多是导致肥胖的直接原因，吃糖可导致龋齿，还认为糖尿病与冠心病也与摄入糖过多有直接关系，于是蔗糖作为甜味剂的添加范围正逐渐变小。

2. 果葡糖浆

用酶法糖化淀粉制得糖分主要为果糖和葡萄糖的糖浆，称为果葡糖浆，也称为异构糖。因为果糖不易结晶，故果萄糖浆浓度较高，且价格较低，因此被广泛应用于饮料中，如将果糖含量为55％的果葡糖浆大量应用于可口可乐等软饮料中。由于果糖和葡萄糖均能提供热量，过量摄取时，可导致人体肥胖，因而正积极开发用量少、甜度高的健康甜味剂以及低热量的甜味剂。

3. 糖醇类物质

常用的糖醇类物质有山梨醇、木糖醇和麦芽糖醇。山梨醇可由葡萄糖还原而制取，其甜度与葡萄糖大体相当，但能给人以浓厚感。其在体内被缓慢地吸收利用，但不增加血糖值。木糖醇甜度相当于蔗糖的70％～80％，可提供能量但可不经胰岛素作用，故被用来作为糖尿病患者的甜味剂。麦芽糖醇是由麦芽糖还原而制得的一种双糖醇，甜度为蔗糖的85％～95％，几乎不被人体吸收。麦芽糖醇不结晶，不发酵，150℃以下不发生分解，是一种较好的低热量甜味剂。

4. 糖苷类物质

具有代表性的糖苷类物质有甜菊苷、二氢查耳酮。甜菊苷是近年发展起来的一种新型甜味剂，它原是从南美巴拉圭的一种称为甜叶菊的植物中提取的，但商品甜菊苷是一种混合物。甜菊苷的甜度为蔗糖的360倍，热稳定性强，着色性极弱，不易分解，属于非发酵性甜味剂，适宜于糖尿病患者，另外还具有解酒、消除疲劳等作用。新橙皮苷二氢查耳酮的甜度约为糖精的7倍，性质比较稳定，没有吸湿性，为低热量甜味剂。柚皮苷二氢查耳酮的甜度略低于新橙皮苷二氢查耳酮，为糖精甜度的3～5倍。

5. 甜蜜素

甜蜜素的化学名称为环己基氨基磺酸钠，白色针状、片状结晶或结晶状粉末，无臭，味甜，分解温度约280℃，不发生焦糖化反应。溶于水和丙二醇，几乎不溶于乙醇、乙醚、苯和氯仿。其甜度为蔗糖的30倍，而价格仅为蔗糖的3倍，属于非营养型合成甜味剂，糖尿病患者、肥胖者可用其代替蔗糖。

从甜蜜素的化学结构来看，其水解后能形成有致癌威胁的环己胺。环己胺的主要排泄途径是泌尿系统，因此，对膀胱的致癌威胁较大。但只要在一定范围之下使用甜蜜素，是不会致病的，而且如果甜蜜素加入量过多容易产生一定的苦味，故生产企业一般不会超量添加。

按照我国对饮料中甜蜜素规定最大使用量(0.65g/kg)计算，体重为50千克的人，每日不要饮用超过1000mL的饮料。如经常食用甜蜜素含量超标的食品，会对人体肝脏和神经系统造成危害，特别是对代谢排毒能力较弱的老人、孕妇、小孩危害更明显。

6.阿斯巴甜

阿斯巴甜是目前占有极大市场份额的氨基酸甜味剂。其化学名称为α-L-天冬氨酰-L-苯丙氨酸甲酯，甜度比蔗糖高近200倍，与食盐共用时甜度可成倍增加。其热量与蔗糖相同，但由于甜度很高，按正常使用量产生的热量可以忽略，因此可将其看成一种事实上无热量的甜味剂。

阿斯巴甜的优点是：

(1)安全性高。被联合国食品添加剂委员会列为GRAS级(一般公认为安全的)，为所有代糖中对人体安全性研究最为彻底的产品，已有世界各地100多个国家的6000多种食品成功使用。

(2)甜味纯正。具有和蔗糖极其近似的清爽甜味，无苦涩后味和金属味，是迄今开发成功的甜味最接近蔗糖的甜味剂。阿斯巴甜的甜度是蔗糖的200倍，在应用中仅需少量就可达到希望的甜度，所以在食品和饮料中使用阿斯巴甜替代糖，可显著降低热量且不会造成龋齿。

(3)与蔗糖或其他甜味剂混合使用有协同效应，如加2%～3%含量的阿斯巴甜到糖精中，可明显掩盖糖精的不良口感。

(4)与香精混合具有极佳的增效性，尤其是对酸性的柑橘、柠檬、柚等香精，能使香味持久，减少芳香剂用量。

(5)其成分为蛋白质，可被人体自然吸收分解。

缺点是：

(1)对酸、热的稳定性较差，在强酸强碱中或在高温加热时易水解生成苦味的苯丙氨酸或二嗪哌酮。

(2)因为阿斯巴甜在人体胃肠道酶的作用下可分解为苯丙氨酸、天冬氨酸和甲醇，苯丙酮酸尿患者不宜使用。联合国粮农组织和世卫联合食品添加剂专家委员会规定，阿斯巴甜每日允许的摄取量为每千克体重40毫克，且孕妇及哺乳期妇女最好不要食用。

7.糖精

糖精是最古老的甜味剂之一，于1878年被美国科学家发现，很快被食品工业界和消费者接受。由于糖精在水中的溶解度低，故多使用其钠盐即糖精钠。糖精钠为无色或白色结晶，甜度约为蔗糖的300～700倍，它不被人体代谢吸收，在各种食品生产过程中都很稳定。缺点是风味差，有后苦，并且对人体致癌的可能性尚未排除，所以需要严格控制其使用。一般情况下，人体每日每千克体重对糖精钠的摄入量不超过2.5毫克，即一个体重为60千克的成年人，每日的摄入量不超过150毫克。

制造糖精的原料主要有甲苯、氯磺酸、邻甲苯胺等，均为石油化工产品。目前从部分中小糖精厂流入广大中小城镇、农村市场的糖精，可能会因为工艺粗糙、工序不完全等原因而含有重金属、氨化合物等。它们在人体中长期存留、积累，会不同程度地影响人体的健康。当食用较多的糖精时，也会影响肠胃消化酶的正常分泌，降低小肠的吸收能力，使食欲减退。

8.安赛蜜

安赛蜜又称为乙酰磺胺酸钾、AK糖，其甜度为蔗糖的200～500倍，易溶于水，20℃时溶解度为27克。安赛蜜甜味纯正而强烈，持续时间长，生产工艺不复杂，价格便宜，对热和酸稳定性好，在人体内不代谢、不吸收，是中老年人、肥胖病人、糖尿病患者理想的甜味剂。它是目前世界上第四代合成甜味剂，和其他甜味剂混合使用能产生很强的协同效应，一般浓度下可增加甜度30%～50%，适用于焙烤食品和酸性饮料。

我国卫生部于1992年5月正式批准安赛蜜用于食品、饮料领域，但规定不得超标使用。安赛蜜虽然属于相对安全的化学甜味剂，但是过量摄入也会影响人体代谢，损害肝脏功能。经常食用合成甜味剂含量超标的食品会对人体的肝脏和神经系统造成危害，特别是对老人、孕妇、小孩危害更为严重。如果短时间内大量食用，会引起血小板减少，甚至导致急性大出血。

（四）酸味剂

酸味剂是以赋予食品酸味为主要目的的食品添加剂，也是软饮料生产中用量仅次于甜味剂的一种重要原料。通过酸味剂的调节，不但可得到口味适宜的软饮料制品，还能调节食品pH。以足够浓度的酸味剂与其他保藏方法并用，还可以有效地延长食品的保存期。

酸味剂分为有机酸味剂和无机酸味剂。目前，应用较多的是有机酸味剂。食品中天然存在的主要有机酸包括柠檬酸、苹果酸和乳酸等，无机酸则主要是磷酸。上述各种酸味剂虽然都可以参加人体内正常代谢，但受消费者可接受酸度的限制，食品中加入酸味剂的量也不可过大。

1.柠檬酸

柠檬酸是一种重要的有机酸，市售产品为无色晶体，常含一分子结晶水，无臭，有很强的酸味，易溶于水。

天然柠檬酸在自然界中分布很广，存在于植物如柠檬、柑橘、菠萝等果实和动物的骨骼、肌肉、血液中。人工合成的柠檬酸是用砂糖、淀粉等含糖物质发酵而制得，柠檬酸是有机酸中第一大酸，广泛应用于食品、医药、日化等行业。

柠檬酸作为酸味剂，国家标准中并没有对其进行限量使用，但应当注意的是，虽然柠檬酸对人体无直接危害，但它可以促进体内钙的排泄和沉积，如长期食用含柠檬酸的食品，有可能导致低钙血症，并且会增加患十二指肠癌的几率。可能导致儿童神经系统不稳定，易兴奋，植物神经紊乱；大人则表现为手足抽搐，肌肉痉挛及消化道症状等。

2. 苹果酸

苹果酸为白色结晶体或结晶状粉末，有较强的吸湿性，易溶于水、乙醇，有令人愉快的酸味。苹果酸为天然果汁的重要成分，与柠檬酸相比，酸度较大（酸味比柠檬酸强20%），但味道柔和（具有较高的缓冲指数），具特殊香味，不损害口腔与牙齿，代谢上有利于氨基酸吸收，不积累脂肪。苹果酸是新一代的食品酸味剂，被生物界和营养界誉为“最理想的食品酸味剂”，目前在老年及儿童食品中正逐步取代柠檬酸。当50%苹果酸与20%柠檬酸共用时，可呈现强烈的天然果实风味。

3. 磷酸

磷酸（H_3PO_4）是一种常见的无机酸，属中强酸。磷酸为无色透明或略带浅色的稠状液体，酸性比柠檬酸强烈，但口感酸味弱，有涩味。磷酸参与机体正常代谢，最终可随尿排出。

磷是组成人体的重要元素，人体内约含磷1.4%，其中90%以无机磷酸盐形式存在。磷酸是可乐里的主要酸味剂，但如果大量饮用可乐也有损健康，主要表现在以下三个方面：

(1)饮用可乐过多，摄入磷过多时，影响钙的代谢。当Ca/P比低于1∶2，即磷摄入过多时，血磷增高，会与血液中钙离子作用生成磷酸钙沉淀，降低血钙的浓度，破坏体内骨钙和血钙之间的平衡。为保持体内钙的平衡，钙会从骨骼中溶解和脱出，有发生骨质软化和骨质疏松的危险。

(2)可乐是强酸性的饮料，多饮对牙齿有严重腐蚀作用，会破坏含羟基磷酸钙的牙釉，造成龋齿。

(3)可乐中含有咖啡因，它是一种中枢神经兴奋剂，并对呼吸系统和心脏有兴奋作用，若过多摄入，会引起高血压、胃肠功能混乱等。

所以，可乐的饮用一定要适量，尤其青少年更应注意。

（五）增稠剂

增稠剂通常指能溶解于水，并在一定条件下充分水化形成黏稠、滑腻溶液的大分子物质，又称食品胶。常用的增稠剂有明胶、酪蛋白酸钠、阿拉伯胶、罗望子多糖胶、田菁胶、琼脂、海藻酸钠（褐藻酸钠、藻胶）、卡拉胶、果胶、黄原胶、β-环状糊精、羧甲基纤维素钠（CMC-Na）、淀粉磷酸酯钠（磷酸淀粉钠）、羧甲基淀粉钠、羟丙基淀粉、藻酸丙二醇酯（PGA）等，下面简单介绍几种。

1. 羧甲基纤维素钠(CMC-Na)

CMC-Na 为葡萄糖聚合度为 200～500 的纤维素衍生物，为白色或类白色的粉末或纤维状物质，无臭，有吸湿性。CMC-Na 易溶于水，在水中成为透明的黏稠溶液，其黏度随溶液浓度和温度而变化。60℃以下黏度稳定，在 80℃以上长时间加热会降低黏度。CMC-Na 具有增稠、悬浮、乳化、稳定等多种功能，在饮料生产中主要作为果肉型果汁饮料的增稠剂、蛋白质饮料的乳化稳定剂和酸乳饮料的稳定剂。

2. 藻酸丙二醇酯(PGA)

PGA 为淡黄色略有芳香味的粉末，易溶于水。作为增稠剂的一般用量为 1%，浓度高时黏度大。在 60℃左右时黏度稳定，温度升高时黏度下降。在 pH3～4 范围内，随 pH 降低而黏度增大，在 pH3 附近最稳定，在 pH7 以上发生水解，黏度显著降低。

PGA 具有丙二醇基，亲油性大，因此乳化性强，在连续相中产生黏性，能提高乳浊液的稳定性。单独或与其他增稠剂组合使用时，可作为酸性饮料的增稠剂，使固形物成分很好地悬浮于果汁中，从而提高果肉型饮料的稳定性，还可作为果汁饮料、酸乳饮料的稳定剂以及乳化香精的乳化稳定剂等。

3. 琼脂

琼脂是一种重要的植物胶，无色，无固定形状，但属于固体，可溶于热水中，通常被称为洋菜或洋粉，也叫石花胶。琼脂含有丰富的膳食纤维(含量为 80.9%)，蛋白质含量高，热量低，具有排毒养颜、泻火、润肠、降血压、降血糖和防癌作用。琼脂是从海藻中提取的多糖体，是目前世界上用途最广泛的海藻胶之一。琼脂具有凝固性、稳定性，能与一些物质形成络合物，因此可用做增稠剂、凝固剂、悬浮剂、乳化剂、保鲜剂和稳定剂，广泛用于制造饮料、果冻、冰淇淋、糕点、软糖、罐头、肉制品、八宝粥、凉拌食品等。

4. 果胶

果胶为褐色或灰白色的颗粒或粉末，口感黏滑，耐热性好，溶于 20 倍的水中时成为乳白色黏稠液，不溶于有机溶剂。果胶主要作为乳化剂、稳定剂、胶凝剂、增稠剂和品质改良剂使用，在果汁饮料或固体饮料中使用时，可使饮料增黏，或使精油、果粒等悬浊稳定化。

5. 明胶

明胶为无色或淡黄色透明、脆性的薄片或粗粉末，几乎无臭、无味。在 5～10 倍量的冷水中膨润，可溶于热水、甘油和醋酸，不溶于醚、乙醇等有机溶剂。明胶溶于热水时成为非常黏的溶胶，5%以下浓度不凝胶，10%～15%的溶液可形成凝胶。凝胶化的温度与其浓度和共存盐的种类、浓度以及溶液 pH 有关。明胶主要成分为 83%以上的蛋白质、15%以下的水分和 2%以下的无机灰分。明胶用途广泛，可作为饮料的增稠剂、稳定剂，还可作为果汁和酒的澄清剂。

（六）乳化剂

乳化剂是一类表面活性剂，它是乳浊液的稳定剂。乳化剂的作用是，当它分散在分散质的表面时，可以阻止分散相的小液滴互相凝结，使形成的乳浊液比较稳定。例如，蛋白乳汁和油脂等互不相溶的液体组成的蛋白质饮料，必须使用合适的乳化剂，使不溶于水的油脂很好地分散在蛋白乳汁的液相中，成为稳定的乳浊液状态。乳化剂主要用于花生乳、豆乳、杏仁乳、椰子汁以及核桃乳等饮料。

乳化剂的选定需要通过多项实验反复验证。形成稳定乳浊液大致有以下方法：用机械方法将分散相微粒化和均质化，这种方法可以节省乳化剂的用量；缩小两液相的比重差，例如可以添加羧甲基纤维素和胶类物质作为分散助剂或乳化剂；也可使用分散助剂和乳化稳定剂提高连续相的黏度，降低两液相的表面张力。

还有一类物质可以作为乳化稳定剂，这类物质虽无明显的表面活性作用，但因其水溶液的黏性和胶体保护性提高了连续相的黏度，缩小了两液相的比重差，因而对乳浊液的粒子有稳定作用。乳化稳定剂多为水溶性高分子化合物和胶类物质，例如藻酸钠、糊精、阿拉伯胶、黄原胶、卡拉胶、果胶等。

饮料中常用的乳化剂有甘油脂肪酸酯、蔗糖脂肪酸酯、山梨醇酐脂肪酸酯、丙二醇脂肪酸酯等。

1. 甘油脂肪酸酯

油脂与甘油在催化剂存在下于170℃～280℃加热，或脂肪酸与过剩的甘油在催化剂存在下加热，都能制得甘油脂肪酸酯。根据脂肪酸的种类和酯键的位置不同，甘油脂肪酸酯有很多种，例如单甘酯有醋酸单甘酯、乳酸单甘酯、柠檬酸单甘酯、二乙酰酒石酸单甘酯、琥珀酸单甘酯等。根据脂肪酸的碳原子数和饱和度不同，单甘酯的感官、性质不同，无一定熔点和沸点，一般在热水中容易乳化，溶于醇和植物油。一般的单甘酯易溶于植物油，适合制造水/油型乳浊液，自乳化性强的单甘酯与蔗糖脂肪酸酯一起使用时可作为油/水型乳化剂。

2. 蔗糖脂肪酸酯

蔗糖脂肪酸酯是蔗糖与脂肪酸甲酯在一定条件下反应制得，通常为单酯和二酯混合物。由于其脂肪酸种类和酯化度不同，可为白色至黄褐色粉末，蜡状、块状固体或无色至微黄色的黏稠液体，无臭或微臭，在水中透明难溶（单酯可溶于热水），油脂中可溶约1%。该类物质的软化点的50℃～70℃，120℃以下稳定，145℃以上易分解，在酸性或碱性条件下加热会皂化。化合物中单酯成分越多，亲水亲油平衡值越大(10～16)，而二脂的亲水亲油平衡值低(7～10)，水溶性差。作乳化剂使用的仅有棕榈酸和硬脂酸的蔗糖酯，它们是食用乳化剂中亲水性最高的化合物，适合作油/水型乳化剂。蔗糖脂肪酸酯可以乳化难溶于水的食品添加剂，例如油溶性的色素和防腐剂等，另外也是甜橙油、柠檬油等水果精油的最佳乳化剂。

实际使用时，一般先用水或油使蔗糖脂肪酸酯溶解后再加入需要溶解或乳化的物质，升温至60℃～80℃，充分搅拌促使乳化稳定。

3. 山梨醇酐脂肪酸酯

山梨醇酐脂肪酸酯又称山梨糖酐脂肪酸酯，由山梨醇加热脱水成山梨聚糖，然后用脂肪酸酯化而成。山梨醇酐脂肪酸酯为白色至黄褐色的液体或蜡状物质，不同脂肪酸构成的酯有不同的性质。山梨醇酐脂肪酸酯是油溶性非离子型表面活性剂，具有优良的乳化稳定作用，易溶于油，适合作油/水型和水/油型双类型乳化剂，可用于椰子汁、果汁、牛乳等饮料中。

4. 丙二醇脂肪酸酯

丙二醇脂肪酸酯由丙二醇与甘油酯化而成。其外观为白色至淡褐色的固体或黏稠液体，有臭气或特异微臭，不溶于水，溶于油、醇，亲水亲油平衡值为 3 左右。丙二醇脂肪酸酯是非离子型界面乳化剂中亲油性较高的化合物，与单甘酯的性质相似，适合作油/水型乳化剂。

本品一般与其他乳化剂混用，可应用于果汁饮料，特别是混浊型果汁饮料。天然果汁的浑浊是由于细胞质的悬浊物和细胞膜的小片经过微粒化后分散于胶质液中形成的，这种混浊在产生可口风味的同时，还强调了果汁的存在，产生感官视觉效果，而丙二醇脂肪酸酯则能对这种混浊起到很好的乳化稳定作用。

第三节　有关饮料产业的重大安全事件举例

一、添加皮革水解蛋白的乳饮料

2009 年 2 月，有人向国家质检总局食品司举报金华市某乳品公司向乳饮料中添加皮革水解蛋白来提高蛋白质含量的违法行为。3 月 5 日，金华市质监局依法对该公司进行执法检查，发现其涉嫌使用非食用物质皮革水解蛋白生产含乳饮料。3 月 18 日，浙江省质监局对该公司生产的 8 个批次含乳饮料成品、半成品进行抽样，检测结果为 3 批次成品、2 批次半成品含有皮革水解蛋白成分。4 月 2 日上午，浙江省质监局从市场上对该公司销售的 6 批次含乳饮料进行检测，发现均含有皮革水解蛋白。因涉案金额较大，当日下午，公安局对该公司相关人员进行全面调查，并对企业法人实施刑拘。

皮革水解蛋白，就是将破旧皮衣、皮箱、皮鞋，还有生产沙发、皮包等皮具时剩下的边角料经过化学处理后得到的水解蛋白，由于其价格低廉，可能会被不法分子添加到乳与乳制品及含乳饮料中。

皮革水解蛋白虽然是一种水解蛋白，能增加食品中蛋白质的含量，本身对人体没有害处。但是，皮革厂在生产加工的过程中，会使用一些化学品，导致重金属残留和其他污染最终转移到水解蛋白当中去。如果这些污染物被人体吸收的话，轻者可能导致中毒，重者可能致癌。

我国有关部门一直保持打击添加皮革水解蛋白等非食用物质违法行为的高压态势。2009 年 2 月，全国开展打击违法添加非食用物质和滥用食品添加剂专项整治行动中，全国食品安全整顿工作办公室就将皮革水解蛋白列入“(第二批)食品非食用物质名单”。2009 年 3 月，卫生部、质检总局等九部委联合下发了《全国打击违法添加非食用物质和滥用食品添加剂专项整治近期工作重点及要求的通知》，在食品安全专项整治工作中，特别针对乳及乳制品中添加皮革水解物的违法行为进行监控。2010 年 8 月，质检总局再次与农业部等五部委联合印发《关于开展非法制售皮革蛋白粉等皮革碎料制品清理整顿工作的通知》，明确要求严禁使用皮革水解蛋白作为食品原料，要求加大对食品中使用皮革水解蛋白违法行为的打击力度。

二、台湾塑化剂事件

2011 年 5 月，台湾爆出了食品中含有有毒塑化剂的案件，很多食品、饮料都受到牵连，一时间人心惶惶。据台湾媒体报道，这些问题食品的生产厂商在向食品中添加一种食品添加剂——起云剂的时候，为了降低成本，使用了更廉价的“毒起云剂”。而这种“毒起云剂”中含有塑化剂 DEHP[邻苯二甲酸二(2-乙基己基)酯]，被有关部门检测出来后，引发了这次食品安全问题的大爆炸。

以往发生过的 DEHP 安全事件，主要集中在食品包装材料和其他非食品物质方面，然而，这次在大量食品和饮料中发现 DEHP，则是更为恶劣和不可容忍的。从非法食品添加剂的角度来看，这起事件和“三聚氰胺事件”具有一定相似性，而塑化剂的毒性远高于三聚氰胺。

起云剂是一种正规的食品添加剂，也被称做乳化香精。它一般用在橙汁饮料等产品中，作用是增加饮料浊度、稳定饮料体系。它属于增稠剂、乳化稳定剂的范畴，主要成分包括阿拉伯胶、乳化剂、葵花油、棕榈油等。对这些成分的使用范围和在食品中的用量限定，国家都有明确的规定。

塑化剂，或称增塑剂、可塑剂，是一种增加材料的柔软性等特性的添加剂。它常用在塑料制品的生产中，也会添加到一部分混凝土、墙面泥灰、水泥、石膏等材料中。塑化剂的种类很多，但最常使用的是 DEHP。它主要用在聚氯乙烯塑料制品中，例如保鲜膜、食品包装、玩具等。很多医用塑料用品，例如导管、输液袋等，也会含有这种物质。它在塑料制品中的使用量变化范围很大，从 1% 到 40% 都有可能。作为一种塑化剂，DEHP 只能在工业上使用，根本不是合法的食品添加剂。

起云剂和塑化剂是完全不同的两种物质。只是因为用塑化剂代替棕榈油生产的“毒起云剂”能达到和正规起云剂比较相似的效果，所以有不良商家用塑化剂来生产“毒起云剂”，而这种“毒起云剂”又被使用到成百上千种食品中，引发了这次严重的食品质量安全事件。

对 DEHP 安全性的质疑，主要来自于它的类雌激素作用。它可能引起男性内分泌紊乱，导致精子数量减少、生殖能力下降等。儿童比成人更易受到伤害，特别是尚在母亲体内的男性婴儿通过孕妇血液摄入 DEHP，产生的危害更大。有研究表明，孕妇血液中的 DEHP 浓度越高，产下的男婴发生阴茎变细、肛门与生殖器距离变短、睾丸下降不全等症状的风险越大。也有研究发现，与 DEHP 或类似物质接触较多的人群中(例如从事聚氯乙烯塑料生产行业的人)，肿瘤和呼吸道疾病的发病率相对较高，女性易发生月经紊乱和自然流产，男性的精子活性受到影响。可见，DEHP 对生殖系统的危害性是显而易见的。此外，DEHP 对肥胖症、心脏病等疾病也可能有一定影响。

第九章 生产过程中的食品安全问题

随着科技水平的发展，食品生产技术也在不断提高，食品种类越来越丰富，满足了人们的不同饮食需要。目前，加工食品在膳食中占有主导地位，但随着人们对食品安全的重视，加工食品的一些缺点也越来越多地为人们所关注。在某些加工过程中可能会新产生有毒有害物质，不过，这些不良组分的存在量极低，并且可以通过合适的加工方法减少，所以，只要人们合理地食用加工食品，它们就不会对正常人的健康产生危害。本章主要对食品加工过程中可能存在的一些典型危害及其防止措施做出总结。

第一节 生产过程中新产生的食品安全问题

目前，人们公认的十种垃圾食物及其危害分别为：

1.油炸类食品

(1)导致心血管疾病；(2)含致癌物质；(3)高温油炸破坏食物中维生素，使蛋白质变性。

2.腌制类食品

(1)导致高血压和鼻咽癌，使肾负担过重；(2)影响黏膜系统；(3)容易导致人体溃疡和发炎。

3.加工类肉食品(肉干、肉松、香肠等)

(1)含三大致癌物质之一的亚硝酸盐；(2)含大量防腐剂。

4.饼干类食品(不含低温烘烤和全麦饼干)

(1)食用香精和色素过多；(2)严重破坏维生素；(3)热量过多，其他营养成分低。

5. 碳酸类饮料

(1)含磷酸、碳酸，会带走体内的钙；(2)含糖量过高，饮用后有饱胀感，影响正餐；(3)盐分过高，含防腐剂、香精；(4)只有热量，无其他营养成分。

6. 方便类食品(主要指方便面和膨化食品)

7. 罐头类食品(包括鱼肉类和水果类)

(1)破坏维生素，使蛋白质变性；(2)热量过多，其他营养成分低。

8. 蜜饯类食品

(1)含三大致癌物质之一的亚硝酸盐；(2)盐分过高，含防腐剂、香精。

9. 冷冻甜品类食品

(1)含大量奶油，极易引起肥胖；(2)含糖量过高。

10. 烧烤类食品

(1)含大量苯并芘(三大致癌物质之首)；(2)导致蛋白质变性。

综上可知，在食品加工期间可能发生有害的化学变化，破坏食品原有营养成分，甚至产生一些新的有害物质。下文选取几个典型例子作以说明。

一、油炸食品与丙烯酰胺

(一) 油炸食品及其消费概况

油炸是一种很传统的烹饪方式，它可以杀灭食品中的细菌，延长食品的保存期，改善食品的风味，增强部分食品营养成分的消化性，并且其加工时间也比一般烹调方法短，因此油炸食品备受人们的喜爱。然而，经常食用油炸食品对身体健康却极为不利，已经有研究表明，常吃油炸食品的人群的部分癌症发病率远远高于不吃或极少吃油炸食品的人群。

(二) 油炸食品的主要危害

1. 营养素的损失及油脂含量较高

油炸就是使食品在沸油中受高热的作用而熟的工艺，所用油温通常为 150℃～300℃。在这个过程中食品中淀粉糊化，蛋白质变性，水分溢出，产生芳香和风味物质。在这样的高温下，营养素很快就被破坏：维生素 C 几乎完全消失，维生素 B2 和尼克酸损失大半，油脂中的必需脂肪酸大量损失，蛋白质的消化吸收率大大下降，营养价值不及原先的 1/3。

另外，油炸食品所含热量很高，也含有较多的油脂和氧化物质，经常进食易导致肥胖，也是导致高血脂和冠心病的危险食品，而且油炸食品也不易消化，比较油腻，容易引起胃病。

2. 丙烯酰胺的形成及危害

在高温油炸的过程中，糖类物质、有机酸、油脂、蛋白质中的某些氨基酸间发生反应，可能会生成丙烯酰胺。普遍认为淀粉含量高的食物更易在高温烹饪时产生丙烯酰胺，而且随着加工温度的升高，其含量也越高，而蛋白质含量高的食品中产生丙烯酰胺相对较少。而且有研究发现，食物越脆越薄，丙烯酰胺含量越高，比如薯片中的丙烯酰胺含量就比薯条中高约10倍。

一些资料显示，血红蛋白可以与丙烯酰胺结合产生一种新的物质，从而危及人体的神经系统。因此，大剂量或长期低剂量接触丙烯酰胺会出现嗜睡、幻觉和震颤等神经症状，还会增加癌症及系统疾病的发病率。

3. 多环芳烃类物质的产生

有机物的不完全燃烧会产生多环芳烃类物质，其代表即苯并芘类物质。油炸食品加工过程中产生的油烟中就含有苯并芘类物质。食物经油炸后，在浓油烟的环境下停留时间过久易被污染；油炸食物所用油长期不更换也易被污染，长期食用这样的油炸制食物对人体的危害可想而知。有关多环芳烃类物质的危害我们将在后文做详细的介绍。

4. 油脂的变化

油脂在高温下煎炸10分钟之后，便可发生明显的变化，油脂颜色变深，黏度增加，产生烟雾和气泡等，这说明油已经变质了。反复使用的油，其营养物质遭到破坏，脂肪酸发生热裂解、热氧化或热聚合反应，会产生正烷烃、单烯烃、酚类、酮类及其他有害的化合物。

动物实验表明，多次使用的食用油会缩短果蝇30%以上的寿命，并可升高果蝇的不育率，且有明显的致癌性。

（三）减少油炸食品危害的方法

2005年3月2日，世界卫生组织和世界粮农组织发布了一个简要报告，提醒消费者警惕食物中丙烯酰胺的摄入，以防止可能引起的健康危害。2005年4月13日，我国卫生部发出公告，建议消费者尽可能避免连续长时间或高温烹饪淀粉类食品，改变以油炸和高脂肪食品为主的饮食习惯。2005年9月初，卫生部正式公布《食品中丙烯酰胺的危险性评估》报告，再次提醒消费者，高温加工的淀粉类食品，如油炸薯片和油炸薯条等食物中丙烯酰胺含量较高，应减少食用。

制作油炸食品时要严格控制油温，最好控制在150℃左右，如油温超过200℃，则油炸时间不要超过2分钟；油炸食品一次不可多食，也不宜经常食用；不要把油炸的食品长时间放在阳光下曝晒，曝晒时间越长，食品中的致癌物质就越多。再者，食用油炸食物时也要多吃蔬菜和水果。专家最近发现，在制作油炸食品的过程中使用类黄酮可大大减少丙烯酸胺的形成，炸薯条时添加少量的类黄酮，可令油炸过程中产生的丙烯酸胺减少50%，而类黄酮广泛分布于各种黄绿色蔬菜和水果中。而要较彻底地避免油炸类食品中含有的有毒有害物质，最重要的是改进食物烹调方法和改变饮食习惯。

近年来，西方发达国家已出现了减少摄入油炸食品的趋势，但在我国，油炸食品的品种及食用量却均有明显增加。鉴于可能产生的各种危害，油炸食品还是应少吃为宜。

二、亚硝酸盐

(一) 亚硝酸盐的来源

为了防止食品腐败变质,会添加一些防腐剂,如在咸肉、火腿、香肠中添加的常用防腐剂是亚硝酸盐。在国家允许的剂量范围内,亚硝酸盐一般情况下不会影响健康,但是如果添加超量,则对健康不利。

除了人为添加之外,在一些食品的加工过程中还可能会产生亚硝酸盐,以下是几种食品中亚硝酸盐的形成和存在。

1.青菜中的亚硝酸盐

青菜(尤其是小白菜、菠菜、萝卜叶、韭菜等叶菜类蔬菜)、一些野菜(如荠菜等)中都天然含有一定量的硝酸盐,在正常情况下不会对人体健康产生影响。但在某些情况下,硝酸盐可以被还原成亚硝酸盐,当亚硝酸盐聚集到较高浓度时,人食用后可引起中毒。

青菜中生成亚硝酸盐主要有几种情况。

(1)青菜腐烂变质可能会产生亚硝酸盐。

(2)成熟的菜存放过久可能会产生亚硝酸盐,常温下的剩菜、剩饭含有的亚硝酸盐会随时间的推移而迅速增加,从防癌角度出发,均不应吃。

(3)用苦水(含硝酸盐较多)煮的菜或粥等食品存放过久可能会产生亚硝酸盐。

2.腌菜中的亚硝酸盐

腌菜是人们喜爱食用的传统食品,其制作方法简单,口感清脆,但是在蔬菜腌制过程中会产生亚硝酸盐。研究证明,腌菜中影响亚硝酸盐含量的因素主要是腌渍液的食盐浓度、温度、酸度、含糖量及杂菌繁殖等。了解这些因素有利于我们在生产中控制亚硝酸盐的含量。

(1)食盐浓度对亚硝酸盐含量的影响

大量的有关蔬菜腌制的研究表明,腌制发酵初期,由于乳酸生成量较少,起抑菌作用的主要是食盐。若食盐浓度低,不能抑制硝酸还原菌的生长,使得亚硝酸盐生成较快;高浓度的食盐则能使亚硝酸盐生成过程变得缓慢。随着乳酸菌发酵的进行,其较高的酸度能抑制硝酸还原菌,亚硝酸盐含量趋于下降。

(2)温度对亚硝酸盐含量的影响

在一定盐浓度、不同室温的条件下,腌制产品中亚硝酸盐含量随腌制温度的变化关系是,温度高,亚硝酸盐生成早,含量低;温度低,亚硝酸盐生成较晚,含量高。出现这些现象的原因是,温度较高时乳酸发酵能顺利进行,迅速升高的酸度使硝酸还原菌的活动受到抑制,亚硝酸盐的含量在未达到更高值时就被抑制。另一方面,已生成的亚硝酸盐被旺盛发酵所形成的酸性环境分解破坏掉一部分,因此亚硝酸盐含量必然减少。所以,为使产品中亚硝酸盐含量降低,应该尽量根据乳酸菌自身特性,采用适当的发酵温度。

一般情况下，应先将腌制温度控制在 15℃～20℃，等到发酵进入旺盛期时再下降至 10℃ 以下，这样，较早形成的酸性环境有利于亚硝酸盐的进一步分解，还对缩短生产周期有一定的帮助。

(3)酸度对亚硝酸盐含量的影响

研究发现，在蔬菜腌制过程中保持其他条件不变，只改变其酸碱度，结果是酸度越高，亚硝酸盐浓度越低，这是因为较高的酸度除能抑制有害微生物外，还能分解破坏亚硝酸盐。

(4)含糖量对亚硝酸盐含量的影响

根据蔬菜自身含糖量的不同，在腌渍液中适当地添加一些糖类物质，可以取得与改变腌渍液酸度一样的效果。

蔬菜刚腌的时候亚硝酸盐的含量会不断增长，达到一个高峰之后就会下降，这个峰叫做亚硝峰。一般来说，腌菜之后一周左右亚硝酸盐含量最高，而到二十天之后就已经很低了，这个时候再吃，就比较安全了。按国家标准，腌菜中的亚硝酸盐含量最好能降到百万分之四以下，而刚腌不久的腌菜中亚硝酸盐的含量可达到百万分之一百以上，所以是最不安全的。

腌菜的时候选择施氮肥比较少的蔬菜，尽量把菜洗干净，用干净的水和缸来腌，注意让腌菜缸少进空气，再加入一些维生素 C 和具有还原性的有机酸，就可以最大限度地减少亚硝酸盐的产生量。

3.腌腊肉制品中的亚硝酸盐

腌腊肉制品是指肉类原料经盐腌制、烘烤或晾挂加工而成的一类肉制品，品种包括香肠、香肚、火腿、板鸭等。因其制作简单，风味独特，保存时间较长，深受人们喜爱，在我国的消费量非常大。在腌腊肉制品的加工过程中，常常加入硝酸盐和亚硝酸盐进行腌制，该类物质的作用是发色、抑菌，有助于形成腌腊制品固有的腊味。鉴于众所周知的亚硝酸盐的毒副作用，使用时要严格控制用量。

(1)发色作用

亚硝酸盐在微酸性条件下形成亚硝酸，亚硝酸非常不稳定，在腌制过程中被还原性物质作用形成一氧化氮。一氧化氮与还原状态的红色素蛋白反应生成亚硝基肌红蛋白，亚硝基肌红蛋白遇热后生成稳定的具有鲜红色的亚硝基血色原，赋予肉特殊的腌制红色，可明显提高腌腊肉制品的感官品质。

抗坏血酸的存在可以使腌腊肉制品形成的色泽更加稳定且能减少致癌物亚硝胺的生成，因此常常与亚硝酸盐配合使用。

(2)抑菌作用

亚硝酸盐在肉制品中具有一定的抑菌作用。肉毒梭状芽孢杆菌是一种腐物寄生专性厌氧菌，分布很广，在土壤、霉干草中均有此菌，肉品腌渍加工时易被污染。硝酸盐和亚硝酸盐与食盐并用，协同抑菌效果明显增强，尤其对肉毒梭状芽孢杆菌有特殊致死作用。

(3)抗氧化作用及增强风味的作用

脂质氧化是肉及肉制品腐败变质的主要原因之一,它是指在肉及肉制品加工和贮藏期间,其含有的脂类物质由于热、光、氧气、微生物、酶类、金属离子等作用发生氧化反应,产生不良风味,降低食用品质,甚至生成有毒物质的过程。

亚硝酸盐具有抗氧化能力,能够抑制肉制品中的脂肪颗粒的自动氧化过程,从而延缓肉制品腐败。

(二) 亚硝酸盐的危害

1. 破坏氧的输送

亚硝酸盐一旦进入人体血液循环,就会把体内正常的血红蛋白氧化成高铁血红蛋白,让红细胞失去运输氧气的能力。亚硝酸盐的中毒症状是头晕、恶心、呕吐、全身无力、皮肤发紫,严重者会因呼吸衰竭而死。一般人体摄入 0.3g~0.5g 的亚硝酸盐即可引起中毒,超过 3g 则可致死。人体长期摄取低剂量亚硝酸盐可导致氧化血红蛋白血液病,此外,亚硝酸盐还有松弛平滑肌作用,可使血管扩张,血压下降,还可干扰碘的代谢,造成甲状腺肿大。

2. 亚硝酸盐的致癌作用

亚硝酸盐只要与胺类或酰胺类化学物质同时存在,就有可能形成亚硝胺化合物,同样,人体内和食物中的亚硝酸盐能与腌肉中蛋白质分解的胺类物质反应形成亚硝胺。亚硝胺是目前国际上公认的一种强致癌物。流行病学调查证实,长期受到亚硝胺的作用,如爱吃腌肉、腌菜的人们患食道癌、胃癌和肝癌的概率都比较高,人类的鼻咽癌和膀胱癌等的发生都可能与接触亚硝胺化合物有关。

3. 亚硝酸盐的致畸作用

研究表明,亚硝酸盐能够透过胎盘进入胎儿体内。6 个月以内的婴儿对亚硝酸盐特别敏感,亚硝酸盐可通过乳汁进入婴儿体内,造成婴儿机体组织缺氧,皮肤黏膜出现青紫斑。

(三) 如何降低亚硝酸盐的危害

根据国家标准(GB2760-2011)的规定,肉品腌渍时可以添加硝酸盐或亚硝酸盐作为发色剂,但硝酸钠的最大使用量为 0.5g/kg,亚硝酸钠的最大使用量为 0.15g/kg。在这个安全范围内使用发色剂的多少和原料肉的种类、加工工艺条件等因素有关。

在对肉制品加工厂的调查中发现,传统腌腊肉制品多为家庭作坊式生产,加工过程的控制多凭祖辈长期积累下来的经验,造成产品质量很难把握。大部分加工工人不懂得在肉品腌渍时添加亚硝酸钠的有利作用和危害,不知道国家标准规定的添加量是多少。多数加工制作者没有准确称量原料肉重和亚硝酸钠用量,而是凭经验添加,或是加工时不注意均匀搅拌,也造成局部亚硝酸钠含量过高,这都给肉制品的质量安全带来相当大的威胁。

为尽可能避免亚硝酸盐对人体的危害,应减少其摄入量。因此,解决问题的出路在于降低肉制品加工中亚硝酸盐的使用量及研究亚硝酸盐的替代方法。

1.化学方法

目前，降低亚硝酸盐使用量的化学方法主要有通过添加其他物质阻断亚硝胺的合成和使用亚硝酸盐的替代品。

(1)添加天然抑菌剂部分替代亚硝酸盐的作用。添加植物提取物等天然抑菌剂，用它们处理腌制品不仅能增加产品风味等感官质量，还可以阻断致癌物质亚硝胺的化学合成。

(2)添加抗坏血酸、柠檬酸等。其作用机理也是阻断亚硝基与胺类物质的结合，防止亚硝胺的产生。抗坏血酸及其衍生物抗坏血酸钠是水溶性维生素，它能促使亚硝酸盐还原成一氧化氮，并创造厌氧条件，完成肉品发色作用，因此阻碍了亚硝基与胺类物质的结合，防止亚硝胺的产生。这类物质还能防止一氧化氮再被氧化成二氧化氮，故有一定的抗氧化作用。

(3)使用红曲色素代替亚硝酸盐。研究人员发现由动物血液中的血红素制得的红曲色素是一种良好的、安全的着色剂，能起到类似亚硝酸盐的发色和防腐作用，并且，用此红曲色素可使食品的色泽、营养、口感等性能更好。我国每年产生约180万吨动物血液，利用血液生产红曲色素不但可以代替亚硝酸盐作为腌肉色素提高安全性，而且可以补充肉中铁的含量。

不过，红曲色素在日光的照射下保存率较低，有可能使肉制品的颜色在很短的时间内褪去，影响肉制品的外观质量。

(4)使用麦芽酚和有机铁盐代替亚硝酸盐。麦芽酚和乙基麦芽酚是一种广谱香味增香剂，最近的研究发现，在肉制品加工中加入麦芽酚，酌情配合使用铁盐，会呈现与使用亚硝酸盐相同的色泽。配合使用的铁盐可以是葡萄糖酸铁、柠檬酸铁等有机铁盐，既达到发色的目的又增加了微量元素的含量。

2.生物方法

生物方法主要是利用微生物降低腌制品的pH，从而产生亚硝酸还原酶，降低腌制品中亚硝酸盐的含量。

(1)利用乳酸菌降解亚硝酸盐。乳酸菌对亚硝酸盐的降解分为酶降解和酸降解两个阶段，发酵的前期，pH>4.5时以酶降解为主，到了发酵后期，pH<4.0时以酸降解为主。

(2)在接种有益微生物前采用杀菌处理工序，最大限度减少杂菌污染，减少外源性硝酸盐和亚硝酸盐的添加，从而减少亚硝酸盐的残留，确保生产的腌制食品理化指标和微生物指标均在食品卫生法规定的范围之内。

此外，运用先进的生化技术，提取纯化亚硝酸还原酶，制成固定化酶，筛选具有较高亚硝酸盐还原酶活性的微生物，制成固定化微生物，也将是降解腌制品中亚硝酸盐残留量的发展方向。

三、多环芳烃类物质

（一）多环芳烃类物质的结构及毒性

多环芳烃类物质是指分子结构中含有两个以上连在一起的苯环的一类有机化合物，包括萘、蒽、菲等。它是石油、煤等燃料以及木材、天然气、汽油、纸张、作物秸秆、烟草等含碳氢化合物的物质，经不完全燃烧或在还原性气氛中热分解生成的，是主要的环境和食品污染物。多环芳烃类物质大都是无色或淡黄色结晶的非极性物质，熔点及沸点较高，蒸汽压很小，不溶于水，化学性质稳定。

多环芳烃类物质具有较强诱癌作用，可通过皮肤、呼吸道和被污染的食品进入人体。在体内主要通过动物混合功能氧化酶系中的芳烃羟化酶的作用，代谢为多环芳烃环氧化物，与DNA、RNA和蛋白质等生物大分子结合，从而诱发突变和肿瘤，导致胃癌、肺癌、皮肤癌、血癌等。

迄今已发现400多种多环芳烃类物质，具有致癌作用的多为四到六环的稠环化合物，如苯并芘、苯并蒽、苯并荧蒽等。

多环芳烃类物质中的苯并芘致癌性强，分布广，性质稳定，检测方法灵敏，且与其他多环芳烃类物质有一定的相关性，因而常被作为指标化合物。相对来说，人们对它也较为熟悉。有实验表明：将苯并芘涂在兔子的耳朵上，40天后此位置便长出了肿瘤；人类生活环境中的苯并芘含量每增加1%，肺癌的死亡率即上升5%；而经常食用被苯并芘污染的油炸、烧烤类食品，会显著增加患恶性肿瘤的危险。

苯并芘还具有致畸、致突变作用，并且可损害中枢神经和血液成分，破坏淋巴细胞，影响肝脏功能和DNA修复能力等。

（二）食品中多环芳烃类物质的产生途径

食物在煎炸、烧烤、烟熏等烹饪加工过程中，都可能产生多环芳烃类物质。例如，肉制品中多环芳烃类物质主要来源于加工过程中的有机物不完全燃烧和燃烧烟雾在肉制品表面的沉积，以及肉制品中脂肪、蛋白质等有机物在高温下的分解。为确保饮食卫生，减少人体膳食中多环芳烃类物质的摄入量，必须根据其产生机理，采取措施加以预防。

1.煎炸

煎炸是最常用的烹调方法之一，它能使食物具有酥脆的特殊口感，在国内外都备受人们的喜爱。但是近年来的研究表明，动植物蛋白在煎炸过程中产生的多环芳烃类物质，以及油烟中的多环芳烃类物质，可能是导致呼吸道癌症发病的主要原因。研究表明，常吃煎炸食物的人，其部分癌症的发病率远远高于不吃或极少吃煎炸食物的人群。

2.烧烤

烧烤是指将生的烹饪原料经过腌渍或加工后，直接放在火上烤制的一种烹调方法，烧烤时烹饪原料与燃烧产物一般直接接触。多环芳烃类物质产生的主要途径有：

一是燃料燃烧过程中产生的多环芳烃颗粒被食物吸收；二是由于食物在高温条件下有机物发生热聚反应而产生。

烧烤食品常用的燃料有木材、炭、煤和电热等，不同的燃料所产生的多环芳烃类物质的量也有所不同。有研究表明，燃料产生的烟越多，烹饪食品中所含的多环芳烃类物质的残留量也越多，电烤的食品中残留量相对最少。

多环芳烃类物质在烧烤过程中的产生与食品中脂类物质的含量以及烧烤温度有关，脂肪在400℃时可热聚产生多环芳烃类物质。胆固醇比其他脂类更易产生多环芳烃类物质，糖类也可热聚生成多环芳烃类物质。

利用传统的挂炉和焖炉烤制食品时，温度都在200℃以上，肉制品中的脂肪和水溶性物质如肌酸、游离氨基酸和糖类等会不可避免地滴落到火上或炙热的炉膛内，由此而产生热解或热聚反应，生成多环芳烃类物质，并且温度越高，产生的多环芳烃类物质越多。

3. 烟熏

烟熏是一种古老的食物保存技术，它是以木屑、茶叶等熏料的不完全燃烧产生的烟熏热来熏制食物的一种烹调方法，被广泛地应用于鱼和肉制品的加工。熏烟中的有用成分主要是酚类、羰基化合物和有机酸等，烟熏对食品的特殊风味、色泽、杀菌和抗氧化方面作出了贡献，对食品的营养成分也有一定的影响。比如，熏烟中的酚类化合物被肉制品表面吸收而得到烟熏的风味，其抗氧化性质还可以保存食品的营养价值；熏烟中的羰基化合物与食品中的蛋白质发生化学反应产生烟熏色泽。

但是，烟熏过程容易使肉类食品中产生有毒的多环芳烃类物质，可能会危害食用者的健康。

烟熏肉制品中的多环芳烃类物质来源广泛，影响因素甚多，通常由于食品与熏烟直接接触、脂肪焦化与裂解、蛋白质高温分解与糖分不完全燃烧等因素而产生，燃料的选择和烟熏条件等对多环芳烃类物质的产生有很大影响。

(1) 食品与熏烟直接接触

在烟熏过程中燃料不完全燃烧会产生多环芳烃类物质，而食品与熏烟直接接触容易受到污染。烟熏食品中苯并芘的生成量与燃烧温度有很密切的关系。一般认为生烟温度在400℃以下时，只生成极微量的苯并芘，生烟温度在400℃～1000℃时，苯并芘的生成量随温度的上升显著增加。

(2) 脂肪焦化与裂解

烟熏时，肉制品中的脂肪可能会溶出滴于火上而焦化，其焦化产物发生热聚合反应，形成多环芳烃类物质。脂肪在高温作用下也会发生裂解，并相互结合(热聚合)生成多环芳烃类物质。

(三) 减少多环芳烃类物质危害的方法

由于在烟熏肉制品中可能含有多环芳烃类有害物质，对人类健康造成威胁，所以应采取有效的控制措施，来减少其含量。熏烟对肉制品的污染程度与发烟量、发烟条件和烟熏时的温度等因素有关。所以，通过选择熏材、改进烟熏设备和工艺、控制烟熏温度和时间等条件能减少多环芳烃类物质的生成量。

1. 选择熏材

熏材的类型对烟熏肉制品中多环芳烃类物质的含量有重要影响。不用水分含量高、发霉变质、有异味的熏料，尽可能选用含树脂少的硬质料和商品化、标准化的复合熏料。

2. 改进烟熏设备和工艺

从烟熏设备和工艺上来看，需对传统烟熏工艺进行改进和优化，在尽可能保持传统风味特色的同时，改善生产操作中的卫生质量，不断研究新技术、新设备，选择多功能熏烤设备。

因肉制品与燃料产物直接接触而污染到多环芳烃类物质，可以采用熏烟过滤技术，将直接烟熏(传统的熏制室直接产生烟)改为间接烟熏方式，避免炭火与食品直接接触，可显著减少烟熏食品中的多环芳烃类物质污染。

间接烟熏方式采用现代的工业炉，外部设有烟发生器，熏烟在被引入烟熏室之前加以过滤，或以静电沉淀法加以去除，或以冷却方法使其冷凝去除，这种发生器能够在适当的条件下自动工作，同传统的烟熏过程相比，可以降低多环芳烃类物质对食物的污染，对人体健康威胁较小。

另外，熏烤时为避免炭火与食品直接接触，也可采用电热、远红外线热源等新的加工方法。

3. 控制烟熏温度与时间

脂肪、蛋白质等有机物在高温下分解、环化和聚合产生多环芳烃类物质，但不同的熏烤温度和时间所产生的多环芳烃类物质的量是不同的，其中温度影响作用最大。发烟温度控制在400℃以下时，产生的苯并芘较少，烟熏的温度越高，产生的苯并芘越多。此外，还要控制烟熏时间，烟熏时间越长，熏烟成分渗透到肉制品内部的量越多。

4. 用液熏法取代烟雾熏法

烟熏液以天然植物(如枣核、山楂核等)为原料，经干馏、提纯等工艺制作而成，主要用于制作各种烟熏风味的食品。相对于烟雾熏法，烟熏液里含有碳氢化合物、酚类化合物以及酸类化合物等烟雾成分，保持了传统熏制食品的风味，更重要的是减少了多环芳烃类物质产生的机会，同时也减少了大气排放。许多肉类加工商已开始使用烟熏液，并且必然会成为今后的发展趋势。

国产烟熏液于1984年开始研制，1987年全国食品添加剂标准化技术委员会审定其为允许使用的食品香料，已在肉制品、鱼制品、禽制品、调味品等行业得到日益广泛的应用。但由于我国的特殊国情条件和饮食消费习惯，加上推广宣传不力，烟熏液在食品中的应用至今仍不普遍，使用范围狭窄。近年以来，随着液熏技术的进一步发展，国内食品生产企业越来越意识到液熏技术的优越性，随着人们健康意识的增强，可以肯定，用烟熏液来生产肉制品必然会代替烟雾熏法。

5.多环芳烃类物质抑制剂的研究

随着社会对食品安全的关注，国内外对控制和预防食品中多环芳烃类物质的残留进行了深入大量研究，通过对食品加工工艺进行改革，改变不合理的食品加工操作条件，强化产品安全检测，尽量改变不健康的饮食习惯等，都将会进一步降低或避免食品中多环芳烃类物质对人体的危害。

近年来，随着对肿瘤流行病学及肿瘤发生机理的深入研究和探讨，国内外都在积极研究抑制多环芳烃类物质的方法，已发现了不少存在于食物中的有防癌抗癌作用的天然物质，如鞣质、有机硫化物、姜黄素、维生素等。

四、辐照食品

由于 2011 年 3 月 11 日日本海啸所致的核泄漏事件，使人们对于核污染的恐惧心理很大，也更加关注辐射危害，一提到辐照就联想到放射性核污染。实际上，辐照食品与放射性核污染完全是两回事。放射性核污染是指含有放射性核素的粉尘污染了食品或其他物质，一旦人们食用了被污染的食品，会造成内照射，对人体危害极大。而辐照食品是利用射线（通常是 Y 射线）来照射食品以杀虫杀菌，抑制酶的活性，对食品安全起到积极作用。

多年的研究和实践证明，辐照食品保鲜技术是一种安全卫生、经济有效的保藏食品的新技术。该技术利用一定频率的射线辐照食品，以达到抑制果实发芽、杀虫灭菌、调节熟度、保持食品鲜度和卫生、延长货架期和贮存期的目的。

目前全球已有 40 多个国家和地区批准了 80 多类辐照食品，土豆、洋葱、大蒜、冻虾、调味品等 10 多个品种已实现了商业化，取得了明显的经济和社会效益。我国已对鲜果品、蔬菜、粮食、肉类、水产品、饮料、中药等 200 多种食品药品进行了辐照保鲜、杀虫防霉、灭菌消毒、改善品质等方面的研究或应用。

辐照食品保鲜技术具有如下优点：

①与常用的灭菌方法相比，辐照是一种“冷”灭菌方法。因此，能保持食品原有的感官质量，不改变其营养成分。

②处理的成本低，人力和能源消耗低。

③处理后的食品安全可靠，无化学物残留。

辐照技术在食品中的应用主要有以下几个方面：

(1) 水产品的低剂量辐照

美国学者认为，辐照是人工贮藏食品方法中能保持鲜度的较好方法。鱼类为高蛋白低脂肪营养食品，利用传统方法不易保藏。鳕鱼经辐照过后腐败细菌可减少 99%，存放时间大幅度延长。鱼粉是国际市场上畅销的养鸡饲料，但其易受沙门氏菌污染，而经 15 万拉德剂量的辐照处理后，消毒彻底，可有效延长保存期。

(2) 肉类制品辐照

对肉制品进行辐照，既可延长储存期，又能改善卫生质量。比如经辐照的牛肉，其细菌总数要比传统的保藏方法明显减少。另外，在肉制品中应用辐照技术，可以部分代替亚硝酸盐的作用，达到保色与防腐的双重目的。

(3) 粮食辐照

20 世纪 40 年代美国即着手研究辐照粮食装置，目前已实现了商业规模的辐照贮粮。辐照贮粮具有其他贮粮方法难与匹敌的优点，主要是：

①不产生高温或较大的化学变化，不发生质变的污染；

②较高的辐照剂量对各种害虫及各个虫期都有较好的致死效果，即便是低剂量也能使害虫发生生理变化而导致其不繁衍；

③射线穿透力强，可带包装处理，简便易行；

④可连续大批量自动化监控处理。

(4) 果蔬类食品辐照

果蔬类食品辐照保藏方法有避免化学杀虫剂药物残留，减少冷藏能量消耗等优点，例如马铃薯经过 1 万拉德剂量的照射，可保证 18 个月不发芽。

第二节　食品生产中包装的质量安全控制

我国既是食品生产大国，又是食品消费大国。近年来，随着我国国民经济的发展，人民生活水平不断提高，消费者对食品的需求不再只是求温饱，而是求安全、求健康。食品生产、包装及销售过程中暴露出来的食品质量安全问题，日趋成为人们关注的焦点。

但即使食品生产安全了，也不等于进入人们口中的食物就一定是安全的。因为食品安全危害不仅来自食物本身，还来自食品包装的容器及材料。一方面，食品包装和容器可能由于原材料选用不当，造成有毒有害物质向食品中的迁移；另一方面，由于长时间的放置，部分具有酸碱性的食物可能会腐蚀包装，使有毒有害物质进入食品中，造成食品污染。食品包装容器及材料的安全问题严重地制约了我国食品包装行业的发展。

一、食品包装的生产情况及安全现状

食品包装是指为在流通过程中保护食品、方便贮运、促进销售，按一定技术方法而采用适当的容器、材料及辅助物品把食品包裹起来的物品的总称。食品的包装材料包括盛放食品用的纸、竹、木、金属、搪瓷、陶瓷、塑料、橡胶、天然纤维、化学纤维、玻

璃等制品和接触食品的涂料。

为了适应现代食品的不同形态，适应食品包装耐冷冻、耐高温、耐油脂、防渗漏、抗酸碱、抗盐渍、防霉、防潮、保香、保色、保味等不同性能的要求，包装材料及包装容器的发展速度很快，新的材料越来越多。

（一）食品包装的生产现状

对于食品包装，人们不再只是要求长期保存食品和便于携带，更重要的是包装设计、绿色包装和质量安全。近些年，我国的食品包装行业虽然有了较大的发展，但是与国外发达国家相比，目前仍处于起步阶段。

1. 食品包装材料的生产现状

食品包装材料中最主要的是塑料制品，因其原材料来源丰富、成本低廉、性能优良而受到食品包装业的青睐，逐步取代了玻璃、金属、纸类等传统包装材料。美国、西欧和日本是世界三大包装市场，其年销售额超过2200亿美元。通常发达国家的包装工业在其国内属于第九或第十大产业，发展中国家的包装工业的年增长率达10%以上。

我国软包装企业的分布呈现南强北弱的特点，规模大、集团化的企业绝大多数集中在珠三角地区和长三角地区，国内排名前50位的软包装企业中，3/4的企业分布在这两个区域。软包装的市场应用主要以食品行业为主，大约占整个市场需求的2/3左右，其次是医药和化工行业。

2. 印刷工艺的现状

在印刷工业中，包装印刷一直是发展最快、利润最高的领域。印刷工业实力强大的国家，其包装印刷业必定十分发达，如美国包装印刷工业产值约占全球的30%以上。我国的包装印刷行业随着国民经济的发展延续快速增长的态势，2010年，包装印刷占全国印刷业总产值的40%～45%，预计到2020年将达到45%～50%。我国目前的食品包装袋基本上以凹印为主，在超市里所见到的各种各样的食品包装袋，包括饼干、糕点、奶粉等包装，也以采用氯化聚丙烯类油墨印刷的居多，而欧美等国家大都采用柔印为主，柔印在网点表现上比凹印稍逊一筹，印刷质量稍差，但是在环保方面却占尽先机。

在我国，柔印等环保技术在市场上的接受度并不高，说明我国食品包装印刷工艺上还有巨大的安全和环保压力。

3. 包装机械的现状

我国包装机械品种只有1300多种，配套数量少，缺少高精度和大型化产品，不能满足市场需求，这极大地影响了我国包装行业的发展。与发达国家相比，我国的包装机械加工出来的产品质量差距表现在产品性能低，稳定性和可靠性差，外观造型不美观，表面处理粗糙，影响整体产品的质量。

从企业状况看，国内包装机械行业缺少龙头企业，生产规模大、产品档次高的企业不多；从产品开发看，我国还基本停留在测试仿制阶段，自行开发能力弱，缺少科研生产中试基地。

4.食品工业对包装的要求

随着我国食品工业的发展,食品产业不断更新升级,对食品包装也提出了更多的要求。一是对包装的技术和材料要求更为严格,以保证食品的质量安全;二是对包装的方法、速度和规格要求不断改进,力求做到标准化、系列化、通用化;三是对包装的设计要求更高,以促进销售;四是要求包装的防伪技术要有新的突破;五是要求降低包装的成本;六是要做到低碳、绿色包装。

不同的食品种类对包装关注的侧重点也不同,如肉类、水产类、果蔬类和奶类食品对包装的保鲜、保质要求更为严格,零食类、礼品类食品以包装的外形设计为重点,而还有一些食品则是以携带方便为重点。

(二)食品包装的安全现状

当今食品安全问题受到全世界的广泛关注,不符合卫生标准的食品屡屡出现,其中食品包装引起的安全问题也屡次被曝光。近年来出现了食用油塑料桶使用有害增塑剂、奶瓶中存在影响胎儿发育的双酚A、致癌保鲜膜等事件,使人们对食品包装也心有恐慌。

世界各国,尤其是发达国家,对食品包装行业实行了严格的市场准入制度,不断提高食品包装容器及材料的安全指标,我国也将食品用的包装、容器、工具等制品的监管提到重要的地位,并制定了食品包装市场准入制度及质量保证措施,从法规和制度上明确了政府对食品包装质量安全的强制性要求。

食品包装是现代食品工业的最后一道工序,在一定程度上,食品包装已经成为食品产业不可分割的重要组成部分,但我国食品包装行业面临的形势却不容乐观。包装作为食品的"贴身衣物",其在原材料、添加剂及涂料、生产工艺方面的安全性将直接影响食品质量,继而对人体健康产生影响。近年来,由于食品包装中有害物质残留过高,食品因此被污染而导致中毒的事件频频发生。

1.包装材料的影响

包装材料的卫生级别分为工业级、食品级和药品级,用于食品包装的材料应达到食品级要求。但目前市场上使用的食品包装制品,因其使用量大、流通快,有很多不具备生产条件的小型企业或家庭作坊在生产食品包装制品,不仅生产环境差,而且为了牟取暴利,甚至使用工业级原料或有毒有害的再生废料进行生产。

(1)塑料包装材料与容器

塑料是以高分子树脂为基本成分,再添以适量的增塑剂、稳定剂、填充剂、抗氧化剂等助剂,在一定条件下塑化而成的高分子材料。但这些高分子材料在一定的条件下会产生有毒单体、裂解物,其制造过程中添加的增塑剂、稳定剂和着色剂等添加剂也具有毒性。

有些小作坊生产的塑料制品是利用垃圾站收捡的废旧塑料垃圾、农用薄膜,甚至是医院废弃物等回收加工的,未经消毒处理就作为食品包装原料。这些再生塑料虽然在加工过程中经高温加热，但其中的增塑剂、稳定剂和甲醛等种种有害物质却不能完全去除掉，用这种塑料制品包装直接入口的食品，会对人体健康造成严重的后果，长期使用将引起慢性中毒甚至致癌。

总之，食品用塑料容器的安全问题主要表现在三个方面：一是原料中有害物质含量超标；二是添加非食品用助剂或添加食品用助剂的量超过规定；三是使用回收材料生产，可能引入不明有害物质。

(2) 纸包装材料与容器

造纸的原料包括纸浆和助剂。纯净的纸浆是无毒的，但由于原材料受到污染或加入辅料，纸中通常会有一些杂质、细菌和某些化学残留物，从而影响到所包装食品的安全性。

纸包装主要的安全问题有：原材料本身不清洁，存在重金属、农药残留等污染；造纸过程中荧光增白剂、防渗剂、施胶剂、填充剂、漂白剂、染色剂等残留；多环芳烃类化合物含量过高；回收纸中铅、镉、多氯联苯等有害物质的污染。

(3) 陶瓷包装材料与容器

釉料特别是各种彩釉中往往含有有毒的重金属元素，如铅、镉、锑、铬、锌、钡、铜、钴等，甚至含有铀、钍和镭等放射性元素。陶瓷在1000℃～1500℃范围内烧制而成，如果烧制温度偏低，彩釉未能形成不溶性硅酸盐，则在使用过程中会因重金属物质溶出而污染食品。特别在盛装酸性食品(如醋、果汁等)和酒时，这些重金属物质更容易进入食品中，从而引起食品安全问题。

(4) 金属包装材料与容器

用金属材料包装高酸性食品时金属易被腐蚀，同时析出金属离子，从而影响食品风味和安全性。为了防止食品对金属包装内壁的腐蚀，常常在金属内壁涂上一层耐酸碱、抗腐蚀的薄膜，但内壁涂料常常造成食品的有机物污染，如双酚A、双酚A二缩水甘油醚酯、双酚F二缩水甘油醚酯、酚醛甘油醚酯及其衍生物。

金属包装中的塑料垫圈也会对食品造成污染。邻苯二甲酸酯类化合物是塑料内圈中常用的增塑剂，它是目前日常生活中使用最广泛且毒性较大的一种化学品，已成为全球范围内最严重的化学污染物之一。

2. 包装印刷工艺的影响

食品包装对印刷油墨的要求，除了具有印刷油墨一般的和基材结合力、耐磨性、耐冻性、耐热性外，还要能够耐杀菌和水煮处理等特性，以保证在运输、存储、消毒过程中不会发生油墨脱落、凝结等现象。

食品包装印刷过程中不应使用以苯类物质、正己烷、卤代烃等有害化工材料作为主要原料的油墨和溶剂。例如，苯类溶剂的毒性较大，如果渗入皮肤，会随血液危及人的造血机能，损害人体的神经系统，甚至导致白血病发生。残留在包装内的苯类溶剂，易被包装内的食品吸附，导致食品污染。

2005年初，据中央电视台《每周质量报告》报道，甘肃、青海、浙江、江苏四省对十儿家不同规模的塑料彩印企业调查发现，由于甲苯价格低，很多企业都把它作为调配混合溶剂的主要原料。质监稽查人员随机抽查了7家生产复合型食品包装膜的塑料彩印企业，检测结果显示，7个样品中有5个被检出苯类物质残留超标，涉及牛肉干、奶粉、糖果、卤豆干、薯片等食品的包装。其中最为严重的是某公司生产的奶粉袋，苯类物质残留竟超出国家标准10倍之多，相当于把奶粉装进剧毒的口袋里。

二、食品包装的化学性危害及其预防措施

（一）食品包装的化学性危害

目前，用来包装食品的材料大多数是塑料制品，在一定的介质环境和温度条件下，塑料中的聚合物单体和一些添加剂会溶出，并且可能会转移到食品中，从而对人体造成健康隐患。

我国允许用于容器和包装的塑料有聚酯、聚乙烯、聚丙烯、聚苯乙烯、聚氯乙烯、三聚氰胺、脲醛树脂等。其中，聚乙烯、聚丙烯是安全的塑料，可以用来盛装食品。聚氯乙烯塑料制品在高温环境中会迅速分解，释放出氯化氢气体，而且聚氯乙烯树脂中未聚合的氯乙烯单体会对人体有害，因此聚氯乙烯塑料不能包装即食食品。

近几年有关食品包装的安全问题屡次出现，人们也对塑料食品包装中的污染物有了一定的了解，如双酚A、塑化剂等。

1. 塑料食品包装中的污染物

(1)双酚A

双酚A是一种普遍应用在塑料食品包装材料中的化学物质。它主要用于生产聚碳酸酯(PC)等高分子材料，也可用于生产增塑剂等精细化工产品，在金属罐内涂料和黏合剂生产中也有使用，广泛用于饮料包装、奶瓶、水瓶及其他数百种日用品的制造。

近年来，因双酚A而引起的食品安全事故屡屡发生。卫生部公告表示，与婴幼儿食品接触的包装材料中禁用双酚A。双酚A很容易被吸收，通过饮食、呼吸、皮肤接触等途径能被人体少量吸入，当使用塑料产品盛装热饮、微波加热时将增加吸收量。而研究发现，体内有较高水平的双酚A的人群会显著增加Ⅱ型糖尿病的患病风险。尽管成人吸入双酚A后90%可以通过尿液排出，不过，专家仍建议人们尽量减少塑料食品包装制品的使用，避免微波加热塑料饭盒，尽量购买玻璃材质婴儿奶瓶。

对于双酚A在食品容器中的使用，国家曾颁布《食品容器、包装材料用聚碳酸酯成型品卫生标准》，规定聚碳酸酯塑料中酚的溶出量不大于0.05mg/kg。如果原料使用的是合格的食品级聚碳酸酯材料，一般双酚A就不会超标；但如果使用回收的工业塑料做原料，就很容易导致双酚A超标。

塑料包装食品随处可见，塑料包装材料内部残留的有毒有害化学污染物在一定条件下有可能迁移与溶出，导致食品污染。不过，日常生活不必“谈塑色变”，我们应该正确使用塑料制品。其实，每个塑料容器身上都有一个小小“身份证”——一个三

角形的符号，这个符号一般都在塑料容器的底部标示了其正确使用方法。三角形里边有阿拉伯数字 1～7，每个编号代表一种塑料材质，塑料材质不同，容器的使用方法也不同。

1 号代表 PET，即聚对苯二甲酸乙二醇酯，常用于矿泉水瓶、碳酸饮料瓶，耐热至 70℃，只适合装温的或者冷的液体。装高温液体或加热则易变形，会有对人体有害的物质溶出。这种塑料制品使用 10 个月后可能释放出致癌物，对人体具有毒性。因此，这种饮料瓶不能用来作为水杯，或者用来做储物容器盛装其他物品。

2 号代表 HDPE，即高密度聚乙烯，一般用来制作盛装清洁用品、沐浴产品的塑料容器。目前超市和商场中使用的塑料袋多是此种材质制成，可耐 110℃高温，标明食品用的塑料袋可用来盛装食品。盛装清洁用品、沐浴产品的塑料容器可在清洁后重复使用，但这些容器通常不好清洗，容易变成细菌的温床，清洁不彻底的话最好不要循环使用。

3 号代表 PVC，即聚氯乙烯，常见于雨衣、建材、塑料膜、塑料盒等。这种塑料可塑性优良，价钱便宜，但只能耐 81℃高温。这种材质的塑料制品易产生的有毒有害物质来自于两个方面，一是生产过程中没有被完全聚合的单分子氯乙烯，二是增塑剂中的有害物。这两种物质在遇到高温和油脂时容易析出，有毒物随食物进入人体后容易致癌。目前，这种材质的容器在我国已经不用于包装食品。

4 号代表 LDPE，即低密度聚乙烯，常用于保鲜膜、塑料膜等。这种材质耐热性不强，在温度超过 110℃时会出现热熔现象，留下一些人体无法分解的塑料制剂，因此，应避免使用保鲜膜包着食物进行加热。

5 号代表 PP，即聚丙烯，用于生产微波炉餐盒等。用聚丙烯生产的餐盒是唯一可以放进微波炉的塑料盒，使用的温度范围是－20℃～120℃，可在小心清洁后重复使用。

6 号代表 PS，即聚苯乙烯，这是用于制造碗装泡面盒、发泡快餐盒的材质。这种材质虽然又耐热又抗寒，但不能放进微波炉中，以免因温度过高而释出化学物质。并且不能用于盛装强酸（如柳橙汁）、强碱性物质，因为会分解出对人体有害的聚苯乙烯。

7 号代表 PC，表示的是聚碳酸酯。PC 是被大量使用的一种材料，尤其多用于制造奶瓶、太空杯等。近年来，塑料奶瓶因为含有双酚 A 而备受争议。专家指出，理论上，只要在制作 PC 的过程中，双酚 A 百分百转化成塑料结构，就表示制品中完全没有双酚 A，更谈不上释出。只是，若有少量双酚 A 没有转化成 PC 的塑料结构，则可能会释出从而进入食物或饮品中。温度愈高，PC 中残留的双酚 A 释放愈多，速度也愈快，因此，尽量不要以 PC 水瓶盛热水。

在使用塑料制品时，如果容器有任何摔伤或破损，建议停止使用，因为塑料制品表面如果有细微的坑纹，很容易藏细菌。而从感官上来讲，挑瓶子时要选择质地坚硬，且按压后能弹回的透明塑料瓶。一些有色塑料袋，很可能是再生塑料制成的，最好不要用于包装即食食品。若有些产品闻上去塑料气味浓厚，就有可能是有毒有害的产品。

(2)塑化剂

2011 年 4 月，台湾卫生部门例行抽检食品时，在多种食品、饮料中发现，邻苯二甲酸二(2-乙基己基)酯(简称 DEHP)含量超标。据调查，DEHP 来自某香料公司供应的起云剂内。追查之下，竟有 900 多种食品中检出了 DEHP。此次污染事件规模之大为历年罕见，引起了轩然大波。

DEHP 是我们常说的塑化剂的其中一种。在塑料加工中添加 DEHP，可以使塑料柔韧性增强，容易加工，但这种物质不能被添加到食品中，因为它是一种对人体有持续性危害的有机污染物。虽然 DEHP 不会像重金属那样对人体造成急性危害，但国际上的研究表明，它会给人体的生殖系统、免疫系统、消化系统带来慢性危害。DEHP 进入人体后，会影响雌性激素的分泌，通过相应途径诱发性早熟，还会损害男性生殖能力，长期摄取会导致肝癌。如果在儿童体内长期蓄积，可能会造成性别错乱，包括生殖器变短小、性征不明显等。

2. 食品包装行业中易出安全问题的几个方面

(1)塑料制品

塑料制品特别是塑料袋的确给人们的生活带来了方便，但是这一时的方便却带来长久的危害。塑料制品回收价值较低，废弃塑料袋除了散落在城市街道、旅游区、水体、公路和铁路两侧造成“视觉污染”外，还存在着潜在的危害。塑料结构稳定，不易被天然微生物降解，在自然环境中长期存在，这就意味着塑料垃圾如不加以回收，将在环境中变成污染物长期存在并不断累积，会对环境造成极大污染。

废塑料制品的主要危害有：

①影响农业发展。废塑料制品混在土壤中不断累积，会影响农作物吸收养分和水分，导致农作物减产。

②对动物生存构成威胁。抛弃在陆地上或水体中的废塑料制品，可能会被动物当做食物吞入，导致动物死亡。

③废塑料难处理。废塑料随垃圾填埋不仅会占用大量土地，而且被占用的土地长期得不到恢复，影响土地的可持续利用。进入生活垃圾中的废塑料制品，填埋后需 200 年的时间才能将其降解。

④消耗大量资源。据测算，我国每生产 1 吨塑料袋需耗 3 吨石油，而我国每年用于生产塑料袋的石油用量至少可供 300 万辆普通轿车行驶 5 年。

⑤塑料袋本身还会释放有害气体污染大气。

目前市面上用来包装即食食品的塑料袋的制造材料一般都是聚乙烯和聚丙烯，而一次性塑料袋大多是聚氯乙烯和聚苯乙烯制成。其中有相当数量的一次性塑料袋是利用垃圾站收购的废旧塑料再生的，很可能含有大量病菌，而且，有的生产厂家在加工一次性塑料袋的过程中还会加入一些有毒的稳定剂，这类塑料袋是绝对不能用于包装即食食品的。

如果经常使用一次性塑料袋包装直接入口的熟食品、特别是热的食品，虽然不会引起突发性病变，但会使人体健康状况下降，等于慢性食物中毒。据健康专家介绍，再生塑料袋含有各种病毒、细菌和致癌物，其中，滑石粉会形成钙沉积，造成人体器官结石；若装入滚烫食品，极容易引发铅中毒。

根据卫生部颁布的《食品用塑料制品及原材料卫生管理办法》第七条规定："凡加工塑料食具、容器、食品包装材料，不得使用回收塑料。"也就是说，包装食品不能使用再生塑料制成的塑料制品。为了保证食品用包装的质量安全，国家质检总局已启动了食品用塑料包装、容器和工具等制品的市场准入制度，凡接触食品的产品，必须达到食品级，并在其包装或产品上明示"食品用"标识。

（2）纸杯

在纸制品的生产过程中，可能会用到油墨、颜料和增塑剂、增韧剂、固化剂、引发剂、促进剂、防老剂、阻燃剂、胶黏剂等添加剂，一些非法企业所加入的添加剂有可能并不在《食品容器、包装材料用添加剂使用卫生标准》允许的范围内。例如，为了让纸杯达到隔水效果，在生产中通常需要在纸杯内壁涂一层石蜡或聚乙烯隔水膜，有些小作坊为了降低成本，舍弃食品用蜡而使用工业石蜡。工业石蜡可能会影响人的记忆力和免疫功能，还可能使人贫血，容易患呼吸道疾病，如咽喉炎、气管炎、肺炎等。而工业石蜡中还含有多环芳烃和稠环芳烃类化合物，长期使用这种纸杯盛水，甚至可能造成致癌风险。

更令人担心的是，有的劣质纸杯使用的是国家明令禁止在食品包装中使用的再生聚氯乙烯，在其加工过程中会发生裂解变化，产生很多有害化合物。

此外，有些不法企业为了节省成本，使用劣质纸浆作为原料，为了使杯子看上去更白，便加入大量荧光增白剂。荧光增白剂可使细胞产生变异，一旦进入人体就会成为潜在的致癌因素。有的劣质纸杯通过添加磷来增加纸杯的硬度，如果经常摄入这些有害物质，同样会对人体造成很大伤害。

选取合格的纸杯时，第一步：查包装。首先，要查看纸杯产品包装上是否标注了生产许可证编号和"QS"标识。其次，仔细查看包装上是否标注了产品名称、生产厂、厂址、产品执行标准、生产日期、保质期等国家规定必须标注的内容，如果上述内容标注不全或不规范，最好不要购买。第二步：看色泽。有的一次性纸杯白得异常，很有可能是添加了增白剂，如果将纸杯对着光看，可以肉眼发现有杂质的，最好也不要购买。第三步：闻气味。如果纸杯闻起来有刺鼻的气味，则可能是含有不利于人体健康的羰基化合物。

使用一次性纸杯时，应注意第一杯水最好不要喝，而是先用开水烫一下，让纸杯中有害物质充分挥发。

（3）印刷污染

目前，大多数印刷油墨本身含有有机化合物苯，只能用含有甲苯的混合溶剂来进行稀释，如果企业在生产食品包装时使用了纯度较低的廉价甲苯，那么苯残留的问题会更加严重。相关标准对食品包装材料的苯含量虽然作了限量规定，但是，限量控制对企业来说很难做到。原因在于苯的检测费用颇高，多数包装印刷企业技术落后，质量管理不规范，国家相关安全卫生标准制定也比较滞后，再加上监管不严，使一些不法的包装生产企业有机可乘，从而造成食品安全隐患的存在。

大多数食品企业不允许包装生产企业在食品包装上打自己的标志，这使消费者无法辨识包装的出身。消费者无法监督食品企业如何选购包装，加上相关的检测费用问题，令不少厂家对包装原材料、助剂、工艺的安全控制意识较弱。甚至有的企业受利益驱动而明知故犯，造成了无数的食品安全隐患。

而我国从事食品包装的企业还没有被纳入食品的行业卫生管理范畴，致使这些企业在生产食品包装时，在卫生安全方面没有过多的规定和控制，也没有建立权威性的监控体系，导致近年来印刷辅料和食品包装印刷污染已经成为食品二次污染的主要原因之一。

(4)包装罐内壁涂层

食品包装罐内涂层是涂布在食品包装罐内壁的有机涂层，可防止内容物与食品包装直接接触，避免电化学腐蚀，提高罐头食品货架期。但涂层中的化学污染物也会在罐头的加工和储藏过程中向罐头食品迁移，污染内容物。这类化学污染物主要包括双酚A缩水甘油醚(BADGE)、酚醛清漆甘油醚(NOGE)及其衍生物。它们作为环氧酚醛内涂料、聚氯乙烯有机溶胶内涂料、聚酯内涂料的初始原料、热稳定剂和增强剂而被广泛用于生产罐头涂料。在罐头食品的高压杀菌和常温储藏过程中，BADGE、NOGE会向内容物迁移，从而诱发食品安全隐患。

(二) 食品包装化学性危害的预防措施

1. 建立并完善食品包装质量保证措施

为了规范食品包装行业，我国在出台了《中华人民共和国食品安全法》之后，又陆续出台了《食品生产加工企业质量安全监督管理实施细则(试行)》、《食品用纸包装、容器等制品生产许可实施细则》、《产品标识标注规定》、《食品容器、包装材料用添加剂使用卫生标准》(GB 9685-2008)、《包装用塑料复合膜、袋干法复合、挤出复合》(GB/T 10004-2008)、《塑料一次性餐饮具通用技术要求》(GB 18006.1-2009)、《食品用塑料自粘保鲜膜》(GB 10457-2009)等标准和规定。

《食品容器、包装材料用添加剂使用卫生标准》(GB 9685-2008)是由中华人民共和国卫生部、中国国家标准化管理委员会发布并与《食品安全法》同日正式实施，标准中对食品容器、包装材料中允许使用的添加剂进行公布并说明其使用要求，明确强调"未在列表中规定的物质不得用于加工食品用容器、包装材料"。该标准适用于所有食品容器、包装材料用添加剂的生产、经营和使用，特别是对食品接触用塑料、纸制品、橡胶等材料中用到的增塑剂、增韧剂、固化剂、引发剂、促进剂、防老剂、阻燃剂等及有关胶黏剂、油墨、颜料等都做出了明确的规定。目前，市场上用于食品容器、包装材料的添加剂种类繁多，即使新修订的《食品容器、包装材料用添加剂使用卫生标准》(GB 9685-2008)中添加剂已增至959种，但与实际相比，仍显不足(国外允许使用的食品包装用添加剂有2000多种)。

《塑料一次性餐饮具通用技术要求》(GB 18006.1-2009)，首次以国家标准的形式承认了不可降解餐具的合法身份，结束了一次性塑料餐饮具没有国家标准可依的混乱状态，减少了每个企业必须制定企业标准的麻烦。该标准明确界定了一次性塑料餐饮具的范围是指预期用餐或类似用途的器具，包括一次性使用的餐盒、盘、碟、刀、叉、勺、筷子、碗、杯、罐、壶、吸管等，也包括有外托的一次性内衬餐具，但不包括无预期用餐目的的或类似用途的食品包装物，如生鲜托盘、酸奶杯、果冻杯以及方便面碗等。

《包装用塑料复合膜、袋干法复合、挤出复合》(GB/T 10004-2008)中对溶剂残留量指标进行了更加严格的限定，由原标准的溶剂残留总量≤$10mg/m^2$，其中苯类溶剂≤$3mg/m^2$，修改为总量≤$5mg/m^2$，其中苯类溶剂不检出(苯类溶剂残留量小于$0.01mg/m^2$视为不检出)。对食品包装印刷用油墨标准提出了更高的要求，基本和发达国家相关标准接轨。

另外，相关监督管理部门应对申请"QS"生产许可的企业进行严格的核查。核查内容包括企业安全生产、原辅材料采购、企业环境与场地、从业人员卫生健康状况、生产设备、企业生产车间环境等。相关部门要对生产企业的关键控制点进行控制，规定食品包装中有害物质的检出限，定期对食品包装企业的产品进行抽样检验，对不遵守《食品卫生法》或食品包装市场准入制度的企业进行严厉处罚。

2.建立食品包装安全监控系统

科学立法，对食品包装企业进行科学的管理，以科学为基础建立健全食品安全方面的法规决策。

执法要严，只有安全健康的食品才可以进入市场销售；制造商、配送商、进口商及其他人都要遵守法律规定，否则承担法律责任。

执法公正，政府要有公正执法的职责和能力。

3.建立明确的控制措施和预防措施

食品包装生产中各种潜在安全问题多种多样，如何有效地控制这些危害和把这些危害降到最低是危害分析与关键控制点(HACCP)体系的主要目的，执行HACCP体系的危害分析并结合对危害的风险评估，可以更加有效地控制危害。HACCP体系的制定和关键控制点(CCP)的设置，不同的企业可以相似，但每个食品加工企业要根据自身实际进行风险评估，制定相应的控制措施和预防措施，把食品危害消除或降到最低。

(1)原辅料中的危害

食品包装材料中可能会含有农药、抗生素、激素、毒素、兽药、重金属、添加剂等残留，因此，需要每个食品包装供应商提供产品检测报告，报告应包括每种原材料和成分的详细规格。

控制源头的质量安全是食品安全的最初保证,不安全的源头永远不可能生产出安全的食品。在HACCP体系中,原辅料验收永远是第一个关键控制点,而形成和监控这个关键控制点是一个庞大的系统。原辅料验收的中心思想是索证,索要一套合格的原料来源证明是对这个关键控制点的基本要求。对原料安全情况的验证,就是对关键控制点验收合格的原料进行检测。

目前大多数出口企业都按照检验检疫部门关于食品风险监控的要求制定了风险监控计划,也就是自检自控的计划。

(2)生产过程中的危害

①添加剂的残留。直接添加剂有防腐剂、增味剂、着色剂等,间接添加剂有脱色剂、去皮剂、消泡剂等。要明确列出所有使用的直接或间接添加剂,检查每种化学物质是否都被批准使用及是否使用恰当,是否在限制使用的范围之内;记录使用的任何一种限制成分。

②润滑剂、颜料和涂料的污染。各种颜料、涂料的使用要符合国家相应的规定和允许使用的范围和使用剂量;与产品可能有接触的机械的润滑剂要使用规定的食品级。

③清洁剂、消毒剂的污染。对相应的设备要定期使用消毒剂进行消毒,并有相应的操作计划和备案,清洁剂和消毒剂要避免带入其他有害物质。

④避免所有种类的化学物质交叉污染。可能存在交叉污染的原料等要分开存放,不得与易挥发的有毒物质存放在一起。在贮运与装运过程之中要轻拿、轻放,不得破坏外包装,不得与有毒害物质一起运输。

(3)食品添加剂的使用

食品添加剂的危害主要集中在天然食品添加剂的生产过程中引入的危害和人工合成的食品添加剂中残留的有毒有害物质。尤其是近年来毒理学实验的发展证明,一些食品添加剂存在慢性中毒和致畸、致突变、致癌性的危害,因此对食品添加剂均要求严格管理、加强评价和限制使用。

避免食品添加剂危害的措施及遵循的基本原则如下:

①必须经过规定的食品毒理学安全评价,证明在使用限量之内长期使用对人体无害。

②不影响食品的感官性质,也不影响食品的营养成分。

③食品添加剂要有严格的质量标准,其有害杂质不得超过国家强制性标准。

④不得因使用添加剂而降低操作规范和卫生要求。

⑤不得使用添加剂掩盖食品本身的缺陷和伪造食品。

⑥未经过卫生部门的批准,婴儿及儿童食品不得使用添加剂。

4.提高消费者的食品安全意识

消费者只有清楚地认识了各种包装材料的性质,才能更好地选择包装容器。

(1)金属包装材料是传统包装材料之一，但金属及焊料中的铅、砷等重金属元素易渗入食品中造成食品污染。因此，一般需要在金属容器的内、外壁涂涂料，但涂层中的化学污染物也会在加工和贮藏过程中迁移，危害食品安全。

(2)玻璃作为包装材料，阻隔性能好，光亮透明，化学稳定性好，易成型。不过，玻璃耐酸不耐碱，若装碱性强的食品，不宜选用玻璃器皿。

(3)陶瓷包装容器能保持食品的风味，但上釉陶瓷表面釉层中的铅、镉、锑等多种金属氧化物及其盐类也有溶出的可能。使用陶瓷餐具时，最好选择釉下彩，或者直接选用无彩白瓷。

(4)木制食品包装容器的表面要经过处理或涂涂料，而着色颜料中也可能含有重金属盐。现在特别流行的密度纤维板制成的月饼、茶叶包装盒，因含有大量游离甲醛和其他一些有害挥发物质，安全问题也令人担忧。

附 录

为进一步打击在食品生产、流通和餐饮服务中违法添加非食用物质和滥用食品添加剂的行为，保障消费者的健康，全国打击违法添加非食用物质和滥用食品添加剂专项整治领导小组自2008年以来至2011年6月1日陆续发布了六批《食品中可能违法添加的非食用物质和易滥用的食品添加剂名单》。为方便查询，现将六批名单汇总，附录于此（见表一、表二）。

表一 食品中可能违法添加的非食用物质名单

序号	名 称	可能添加的食品品种	检测方法
1	吊白块	腐竹、粉丝、面粉、竹笋	GB/T 21126-2007 小麦粉与大米粉及其制品中甲醛次硫酸氢钠含量的测定 卫生部《关于印发面粉、油脂中过氧化苯甲酰测定等检验方法的通知》（卫监发〔2001〕159号）附件2 食品中甲醛次硫酸氢钠的测定方法
2	苏丹红	辣椒粉、含辣椒类的食品（辣椒酱、辣味调味品）	GB/T 19681-2005 食品中苏丹红染料的检测方法（高效液相色谱法）
3	王金黄、块黄	腐皮	
4	蛋白精、三聚氰胺	乳及乳制品	GB/T 22388-2008 原料乳与乳制品中三聚氰胺检测方法 GB/T 22400-2008 原料乳中三聚氰胺快速检测（液相色谱法）
5	硼酸与硼砂	腐竹、肉丸、凉粉、凉皮、面条、饺子皮	
6	硫氰酸钠	乳及乳制品	
7	玫瑰红B	调味品	
8	美术绿	茶叶	

续前表

序号	名　称	可能添加的食品品种	检测方法
9	碱性嫩黄	豆制品	
10	工业用甲醛	海参、鱿鱼等干水产品、血豆腐	SC/T 3025-2006 水产品中甲醛的测定
11	工业用火碱	海参、鱿鱼等干水产品、生鲜乳	
12	一氧化碳	金枪鱼、三文鱼	
13	硫化钠	味精	
14	工业硫黄	白砂糖、辣椒、蜜饯、银耳、龙眼、胡萝卜、姜等	
15	工业染料	小米、玉米粉、熟肉制品等	
16	罂粟壳	火锅底料及小吃类	参照上海市食品药品检验所自建方法
17	革皮水解物	乳与乳制品、含乳饮料	乳与乳制品中动物水解蛋白鉴定-L(-)-羟脯氨酸含量测定(检测方法由中国检验检疫科学院食品安全所提供,该方法仅适应于生鲜乳、纯牛奶、奶粉)
18	溴酸钾	小麦粉	GB/T 20188-2006 小麦粉中溴酸盐的测定(离子色谱法)
19	β-内酰胺酶(金玉兰酶制剂)	乳与乳制品	检测方法由中国检验检疫科学院食品安全所提供(液相色谱法)
20	富马酸二甲酯	糕点	检测方法由中国疾病预防控制中心营养与食品安全所提供(气相色谱法)
21	废弃食用油脂	食用油脂	
22	工业用矿物油	陈化大米	
23	工业明胶	冰淇淋、肉皮冻等	
24	工业酒精	勾兑假酒	
25	敌敌畏	火腿、鱼干、咸鱼等制品	GB/T 5009.20-2003 食品中有机磷农药残留的测定
26	毛发水	酱油等	
27	工业用乙酸	勾兑食醋	GB/T 5009.41-2003 食醋卫生标准的分析方法

续前表

序号	名　　称	可能添加的食品品种	检测方法
28	肾上腺素受体激动剂类药物（盐酸克伦特罗，莱克多巴胺等）	猪肉、牛羊肉及肝脏等	GB/T 22286-2008 动物源性食品中多种β-受体激动剂残留量的测定（液相色谱串联质谱法）
29	硝基呋喃类药物	猪肉、禽肉、动物性水产品	GB/T 21311-2007 动物源性食品中硝基呋喃类药物代谢物残留量检测方法（高效液相色谱串联质谱法）
30	玉米赤霉醇	牛羊肉及肝脏、牛奶	GB/T 21982-2008 动物源食品中玉米赤霉醇、β-玉米赤霉醇、α-玉米赤霉烯醇、β-玉米赤霉烯醇、玉米赤霉酮和赤霉烯酮残留量检测方法（液相色谱串联质谱法/质谱法）
31	抗生素残渣	猪肉	无，需要研制动物性食品中测定万古霉素的液相色谱串联质谱法
32	镇静剂	猪肉	参考 GB/T 20763-2006 猪肾和肌肉组织中乙酰丙嗪、氯丙嗪、氟哌啶醇、丙酰二甲氨基丙吩噻嗪、甲苯噻嗪、阿扎哌垄阿扎哌醇、咔唑心安残留量的测定（液相色谱串联质谱法） 无，需要研制动物性食品中测定安定的液相色谱串联质谱法
33	荧光增白物质	双孢蘑菇、金针菇、白灵菇、面粉	蘑菇样品可通过照射进行定性检测 面粉样品无检测方法
34	工业氯化镁	木耳	
35	磷化铝	木耳	
36	馅料原料漂白剂	焙烤食品	无，需要研制馅料原料中二氧化硫脲的测定方法
37	酸性橙Ⅱ	黄鱼、鲍汁、腌卤肉制品、红壳瓜子、辣椒面和豆瓣酱	无，需要研制食品中酸性橙Ⅱ的测定方法。参照江苏省疾控中心创建的鲍汁中酸性橙Ⅱ的高效液相色谱串联质谱法（说明：水洗方法可作为补充，如果脱色，可怀疑是违法添加了色素）

续前表

序号	名　　称	可能添加的食品品种	检测方法
38	氯霉素	生食水产品、肉制品、猪肠衣、蜂蜜	GB/T 22338-2008 动物源性食品中氯霉素类药物残留量测定
39	喹诺酮类	麻辣烫类食品	无，需要研制麻辣烫类食品中喹诺酮类抗生素的测定方法
40	水玻璃	面制品	
41	孔雀石绿	鱼类	GB/T 20361-2006 水产品中孔雀石绿和结晶紫残留量的测定(高效液相色谱荧光检测法) 建议研制水产品中孔雀石绿和结晶紫残留量测定的液相色谱串联质谱法
42	乌洛托品	腐竹、米线等	无，需要研制食品中六亚甲基四胺的测定方法
43	五氯酚钠	河蟹	SC/T 3030-2006 水产品中五氯苯酚及其钠盐残留量的测定(气相色谱法)
44	喹乙醇	水产养殖饲料	SC/T 3019-2004 水产品中喹乙醇代谢物残留量的测定(高效液相色谱法)(农业部1077号公告-5-2008)； SC/T 3019-2004 水产品中喹乙醇残留量的测定(液相色谱法)
45	碱性黄	大黄鱼	
46	磺胺二甲嘧啶	叉烧肉类	GB/T 20759-2006 畜禽肉中十六种磺胺类药物残留量的测定(液相色谱串联质谱法)
47	敌百虫	腌制食品	GB/T 5009.20-2003 食品中有机磷农药残留量的测定

续前表

序号	名　　称	可能添加的食品品种	检测方法
48	邻苯二甲酸酯类物质，主要包括：邻苯二甲酸二(2-乙基)己酯(DEHP)、邻苯二甲酸二异壬酯(DINP)、邻苯二甲酸二苯酯、邻苯二甲酸二甲酯(DMP)、邻苯二甲酸二乙酯(DEP)、邻苯二甲酸二丁酯(DBP)、邻苯二甲酸二戊酯(DPP)、邻苯二甲酸二己酯(DHXP)、邻苯二甲酸二壬酯(DNP)、邻苯二甲酸二异丁酯(DIBP)、邻苯二甲酸二环己酯(DCHP)、邻苯二甲酸二正辛酯(DNOP)、邻苯二甲酸丁基苄基酯(BBP)、邻苯二甲酸二(2-甲氧基)乙酯(DMEP)、邻苯二甲酸二(2-乙氧基)乙酯(DEEP)、邻苯二甲酸二(2-丁氧基)乙酯(DBEP)、邻苯二甲酸二(4-甲基-2-戊基)酯(BMPP)等	乳化剂类食品添加剂、使用乳化剂的其他类食品添加剂或食品等	GB/T 21911 食品中邻苯二甲酸酯的测定

表二　食品中可能滥用的食品添加剂品种名单

序号	食品品种	可能易滥用的添加剂品种	检测方法
1	渍菜(泡菜等)、葡萄酒	着色剂(胭脂红、柠檬黄、诱惑红、日落黄)等	GB/T 5009.35-2003 食品中合成着色剂的测定 GB/T 5009.141-2003 食品中诱惑红的测定
2	水果冻、蛋白冻类	着色剂、防腐剂、酸度调节剂(己二酸等)	
3	腌菜	着色剂、防腐剂、甜味剂(糖精钠、甜蜜素等)	
4	面点、月饼	乳化剂(蔗糖脂肪酸酯等、乙酰化单甘脂肪酸酯等)、防腐剂、着色剂、甜味剂	
5	面条、饺子皮	面粉处理剂	
6	糕点	膨松剂(硫酸铝钾、硫酸铝铵等)、水分保持剂磷酸盐类(磷酸钙、焦磷酸二氢二钠等)、增稠剂(黄原胶、黄蜀葵胶等)、甜味剂(糖精钠、甜蜜素等)	GB/T 5009.182-2003 面制食品中铝的测定
7	馒头	漂白剂(硫黄)	
8	油条	膨松剂(硫酸铝钾、硫酸铝铵)	
9	肉制品和卤制熟食、腌肉料和嫩肉粉类产品	护色剂(硝酸盐、亚硝酸盐)	GB/T 5009.33-2003 食品中亚硝酸盐、硝酸盐的测定
10	小麦粉	二氧化钛、硫酸铝钾	
11	小麦粉	滑石粉	GB/T 21913-2008 食品中滑石粉的测定
12	臭豆腐	硫酸亚铁	
13	乳制品(除干酪外)	山梨酸	GB/T21703-2008 乳与乳制品中苯甲酸和山梨酸的测定方法
14	乳制品(除干酪外)	纳他霉素	参照 GB/T 21915-2008 食品中纳他霉素的测定方法
15	蔬菜干制品	硫酸铜	
16	酒类(配制酒除外)	甜蜜素	

续前表

序号	食品品种	可能易滥用的添加剂品种	检测方法
17	酒类	安赛蜜	
18	面制品和膨化食品	硫酸铝钾、硫酸铝铵	
19	鲜瘦肉	胭脂红	GB/T 5009.35-2003 食品中合成着色剂的测定
20	大黄鱼、小黄鱼	柠檬黄	GB/T 5009.35-2003 食品中合成着色剂的测定
21	陈粮、米粉等	焦亚硫酸钠	GB/T 5009.34-2003 食品中亚硫酸盐的测定
22	烤鱼片、冷冻虾、烤虾、鱼干、鱿鱼丝、蟹肉、鱼糜等	亚硫酸钠	GB/T 5009.34-2003 食品中亚硫酸盐的测定

注:滥用食品添加剂的行为包括超量使用或超范围使用食品添加剂的行为。

打造学术精品　服务教育事业
河南大学出版社
读者信息反馈表

尊敬的读者：

感谢您购买、阅读和使用河南大学出版社的____________________一书。我们希望通过这张小小的反馈表来获得您更多的建议和意见，以改进我们的工作，加强我们双方的沟通和联系。我们期待着能为您和更多的读者提供更多的好书。

请您填妥下表后，寄回或发 E－mail 给我们，对您的支持我们不胜感激！

1. 您是从何种途径得知本书的？

□书店　□网上　□报刊　□图书馆　□朋友推荐

2. 您为什么决定购买本书？

□工作需要　□学习参考　□对本书感兴趣　□随便翻翻

3. 您对本书内容的评价是：

□很好　□好　□一般　□差　□很差

4. 您在阅读本书的过程中有没有发现明显的专业及编校错误，如果有，它们是：

____

____

____

5. 您对哪一类的图书信息比较感兴趣？______________________________

____

6. 如果方便，请提供您的个人信息，以便于我们和您联系（您的个人资料我们将严格保密）。

您供职的单位：______________________________

您教授的课程（老师填写）：______________________________

您的通信地址：______________________________

您的电子邮箱：______________________________

请联系我们：

电话：0371－86059712　0371－86059713　0371－86059715

传真：0371－86059713

E－mail：spengw@163.com

通讯地址：河南省郑州市郑东新区 CBD 商务外环路商务西七街中华大厦 2304 室

河南大学出版社高等教育出版分社